**Hochschule Offenburg**
University of Applied Sciences

**Angewandte Wissenschaften
Schriften zur Wirtschaftspraxis**

# Erfolg für Stadtmarketing und Werbegemeinschaften

## Strukturen, Strategien, Analysen und bundesweit erfolgreiche Aktionen

Von
**Prof. Dr. Thomas Breyer-Mayländer**

## Hochschule Offenburg

ISBN: 978-3-943301-007
© Copyright 2011 Hochschule Offenburg Badstraße 24 77652 Offenburg
www.hs-offenburg.de
Alle Rechte vorbehalten

Druck:
Books on Demand GmbH
In de Tarpen 42
D-22848 Norderstedt
www.bod.de
Printed in Germany

# Inhaltsverzeichnis:

## Kapitel 1: Innenstädte und Handel vor neuen Herausforderungen

## Kapitel 2: Medien- und Pressearbeit: Kommunikation im Lokalgeschäft

## Kapitel 3: Neue Trends für die lokale Werbung

## Kapitel 5: Einkaufsverhalten und Erwartungen an die Aktionen und Regelungen von Werbegemeinschaften

## Kapitel 5: Aktionen der Werbegemeinschaften und Handels- und Gewerbevereine

**Quellen und Literatur**
**Über den Autor**

# Kapitel 1:

# Innenstädte und Handel vor neuen Herausforderungen

Es gab seit den achtziger Jahren des vorausgehenden Jahrhunderts immer wieder Prognosen, die teils hoffnungsfrohe, teils kritische, teils depressive Zukunftsszenarien gezeichnet haben, wenn es um die Situation der deutschen Innenstädte ging. In der Tat haben sich heute (2011) die Rahmenbedingungen für viele Innenstädte verschlechtert oder zumindest Probleme verschärft, so dass nicht nur der inhabergeführte Handel, sondern auch die Innenstadt mit ihrer Aufenthaltsqualität unter Druck gerät. Wir beschreiben in diesem Einstieg die Handlungsfelder der Kommunen, die aktuellen Entwicklungen und Herausforderungen des Handels und zeigen Lösungsansätze auf, die die Kernaufgaben von Stadtmarketing und der Werbegemeinschaften des Handels bilden.

## 1.1 Stadtmarketing als kommunale Herausforderung

Vielen Partnern des Handels ist nicht bewusst, dass nicht nur sie, sondern auch die Kommunen in den vergangenen Jahren vor immer neuen schwierigeren Herausforderungen stehen. Der finanzielle Spielraum der Kommunen wurde enger, die zu finanzierenden und lösenden Aufgaben wurden vielfältiger, da zunehmend Aufgaben, die früher beim Land oder Bund angesiedelt waren, auf die kommunale Ebene abgewälzt wurden. Während ein Unternehmen in der Krise sich auf die rentablen Segmente konzentrieren kann, kann sich eine Kommune nicht der unangenehmen Themen und Aufgaben einfach entledigen. Mehr Aufgaben mit weniger Geld, da wird jedem Unternehmer deutlich, dass die Prioritätensetzung ein ganz entscheidendes Thema darstellt. Wo ist also das Thema Stadt-, Innenstadt- oder neudeutsch „City-Marketing" anzusiedeln?

Grundsätzlich hat das Thema Marketing mittlerweile alle Verantwortlichen im kommunalen Bereich erreicht, wenn auch die Vorstellungen, was es denn bedeutet, durchaus heterogen sind. Die typischen Ansätze des Stadtmarketings der achtziger Jahre waren Aufkleber und Einkaufstüten mit Stadtlogo und Claim versehen. Abgesehen davon, dass Aussagen wie „Hagen hat´s" durchaus mehrdeutig sind, haben diese Einzelaktionen selten Erfolg. Auch beim klassischen Marketing im Unternehmenskontext reicht es nicht aus, an isolierten Kommunikationsmaßnahmen zu drehen, sondern im Vordergrund steht eine Marketingkonzeption, die alle Bereiche umfasst.

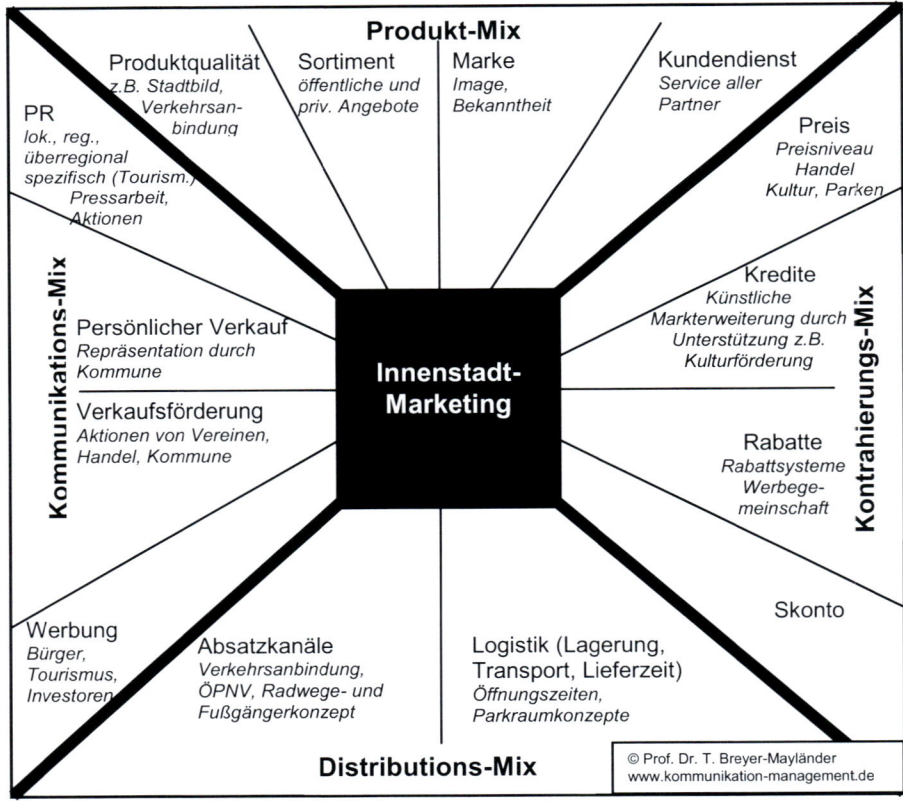

**Klassische Gliederung der vier Felder des Marketingmixes mit Beispielen bezogen auf das Innenstadt-Marketing**
*(Quelle: in Anlehnung an: Meffert (2000), S. 115)*

Ein Automobilhersteller hat auch keinen Erfolg, wenn er seine Automodelle mit beispielsweise zu hohem Spritverbrauch unverändert lässt, und lediglich neue Prospekte und Aufkleber produziert, mit denen die alten unpassenden Produkte beworben werden. Daher sollte es eigentlich eine Selbstverständlichkeit sein, dass man alle vier Felder des klassischen Marketing-Mixes, die Produkt-, Preis-, Kommunikations- und Distributionspolitik gleichermaßen im Stadtmarketing berücksichtigt.

Kernstück im Sinne der Produktpolitik des Marketings ist dabei die Stadtkonzeption. Beispielhaft[1] beginnt man hier mit einer Bestandsaufnahme bei der der Ist-Zustand ausführlich analysiert wird und beispielsweise im Rahmen einer Image-Analyse Stärken und Schwächen der Markenwahrnehmung ermittelt werden.

Die SWOT-Analyse der Kommune, bei der interne Stärken und Schwächen (**S**trength/**W**eakness) den externen Chancen und Risiken (**O**pportunities/**T**hreats) gegenüber gestellt werden, liefert darüber hinaus Ansatzpunkte für die Verbesserung des Konzepts. Neben quantitativen Aspekten wie die Zahl der Aus- und Einpendler müssen auch hier die qualitativen Elemente wie die Wahrnehmung durch die unterschiedlichen Gruppen inklusive der Umlandgemeinden berücksichtigt werden.

Selbst bei kleineren Städten lohnt sich oftmals eine weitere Differenzierung nach Stadt- oder Ortsteilen. Ausgehend von der Bestandsaufnahme kann nun durch einen Lenkungskreis unter Einbindung der relevanten gesellschaftlichen Gruppen eine Vision für einen Sollzustand in 10-15 Jahren entwickelt werden (siehe Schaubild auf der nachfolgenden Seite).

Dabei muss die Corporate Identity der Kommune, d.h. das städtische Leitbild entwickelt werden, das den weiteren Marketing-Bemühungen zugrunde liegt. Hier liegt ein besonderes Augenmerk auf der Einbeziehung der Bürgerschaft, um die Chance zu haben, dass das Leitbild am Ende auch auf eine ausreichende Akzeptanz stößt und tatsächlich gelebt wird. Die bewusste Kombination von Neubürgern und alteingesessenen Multiplikatoren kann hier nicht nur integrierend wirken, sondern bewahrt den Prozess auch davor lediglich „altbackenes" statt

---

[1] Vgl. hierzu: Bellinger (2000) , S. 42f.

„altbewährtes" zu konservieren. Wie im Wirtschaftsleben müssen diese Prozesse auch durch ausreichende Macht-Promotoren abgesichert werden. D.h. Marketing und bürgerschaftliches Engagement sind gleichermaßen „Chefsache". Nur reicht im kommunalen Umfeld die Unterstützung von (Ober-)Bürgermeister und Verwaltung nicht aus, sondern auch die wesentlichen Treiber der Gemeindepolitik, d.h. der aktive Fraktionskern der Stadt- und Gemeinderäte muss hier als Unterstützer gewonnen werden.

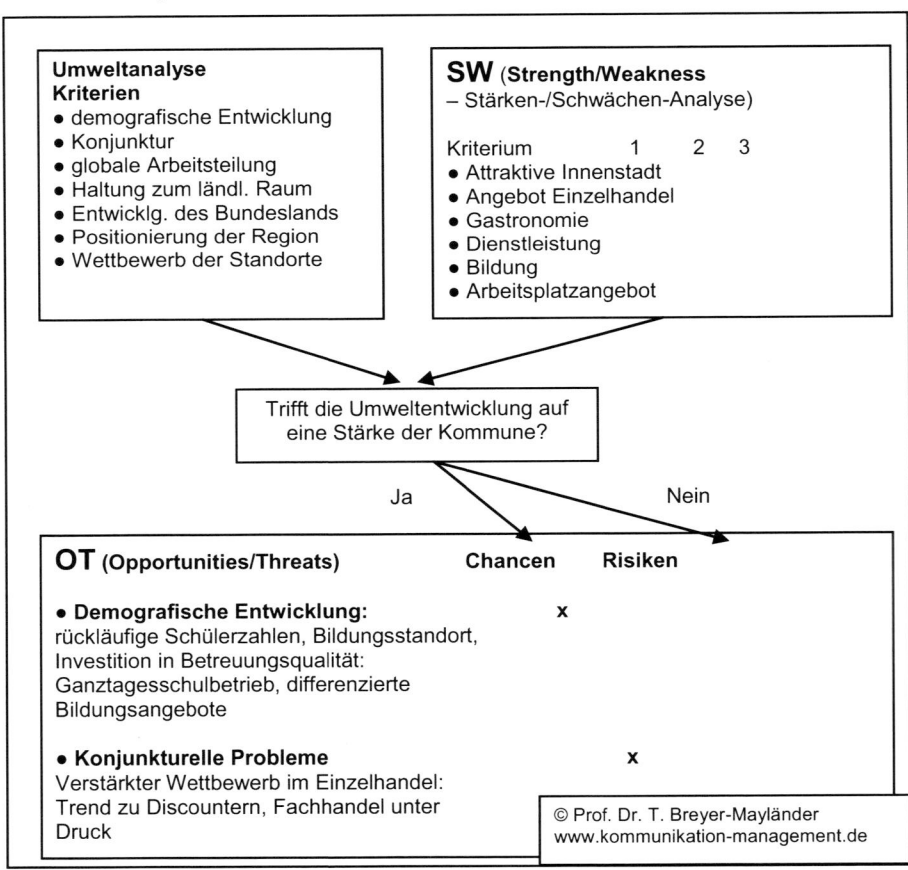

**SWOT-Analyse für Kommunen**
*(Quelle: Abwandlung des Modells von Macharzina (1995), S. 256)*

Nun aber nochmals zur Prioritätensetzung. Ist es in Zeiten knapper Kassen nicht verfehlt, wenn Kommunen ihre letzten Ressourcen in Leitbilder und Marketingthemen stecken? Wenn wir uns in der folgenden Betrachtung auf die Frage der wirtschaftlichen Entwicklung konzentrieren und die positiven inhaltlichen Effekte für die Kommune außer Acht lassen, selbst dann können wir den Kommunen uneingeschränkt empfehlen sich intensiv mit Marketingthemen auseinanderzusetzen.

Denn es gibt zwischen Standortmarketing, Stadtmarketing und Innenstadtentwicklung klare Zusammenhänge. Die Wirtschaftsförderung mit dem dazugehörigen Standortmarketing hat im Kerngeschäft die Ansiedlung neuer passender Wirtschaftsunternehmen zum Ziel. Diese wiederum sollen nicht nur über die Gewerbesteuer für Finanzkraft bei der Kommune sorgen, sondern durch Arbeitskräfte als Neubürger oder Einpendler soll Kaufkraft in der Stadt gebunden werden, die wiederum den lokalen Unternehmen im Bereich Handel und Dienstleistung zugute kommt.

Die Attraktivität eines potenziellen Unternehmensstandorts hängt wiederum auch von der Lebensqualität der Stadt ab. Denn es ist sowohl bei Einpendlern als auch bei der Akquise von neuen Mitarbeiterinnen und Mitarbeitern entscheidend, dass es für Unternehmen am Ort einfach ist, die Vorzüge des Standorts darzustellen.

Damit zeigt sich sehr klar der doppelte Effekt, bei dem einerseits die Wirtschaftsförderung durch das Stadtmarketing begünstigt wird und andererseits das Stadtmarketing wiederum ein entscheidender Baustein für das Wirtschaftsförderungskonzept darstellt.

Die einzelnen Ebenen der Entwicklung von Kommunen und Innenstädten greifen dabei unterschiedlich ineinander. Zum einen gibt es einen zeitlichen Unterschied zwischen den Phasen, da beispielsweise die reine Stadtkonzeption nicht in den operativen Bereich führt, zum andern sind die einzelnen Phasen in der Praxis auch nicht so klar zu trennen.

Es gibt beispielsweise jenseits des Marketings für die Innenstadt auch ein legitimes Entwicklungsbedürfnis auf sublokaler Ebene, wo Stadtteile oder bei kleineren Gemeinden Ortsteile oftmals auf eine längere Vergangenheit und damit verbunden auch auf eine stärkere Tradition zurückblicken können als die scheinbar doch dominierende Innen-(Kern-)Stadt. Für den Erfolg der gemeinsamen Bemühungen der Innenstadtaktivierung kann es entscheidend sein, dieses Potenzial der Stadtbezirke und Teilgemeinden zu nutzen und rechtzeitig bereits in der konzeptionellen Phase einzubinden.

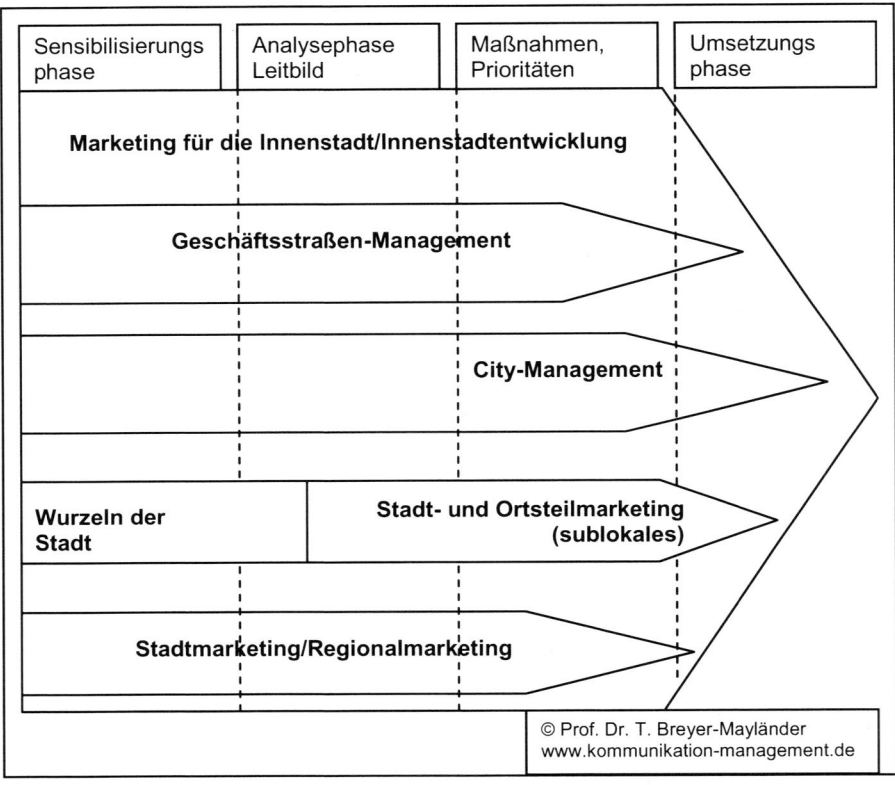

**Phasen des Innenstadtmarketings**
*(Quelle: in Anlehnung an: Kuron et al. (2001), S. 59)*

Ausgehend von der Stadtkonzeption und den allgemeinen Ansätzen des Stadtmarketings muss ein City-Marketing das die Rahmenbedingung für den Handel auf den Weg setzt in Abstimmung mit allen Relevanten Gruppierungen und Meinungsbildnern auf den Weg gebracht werden..

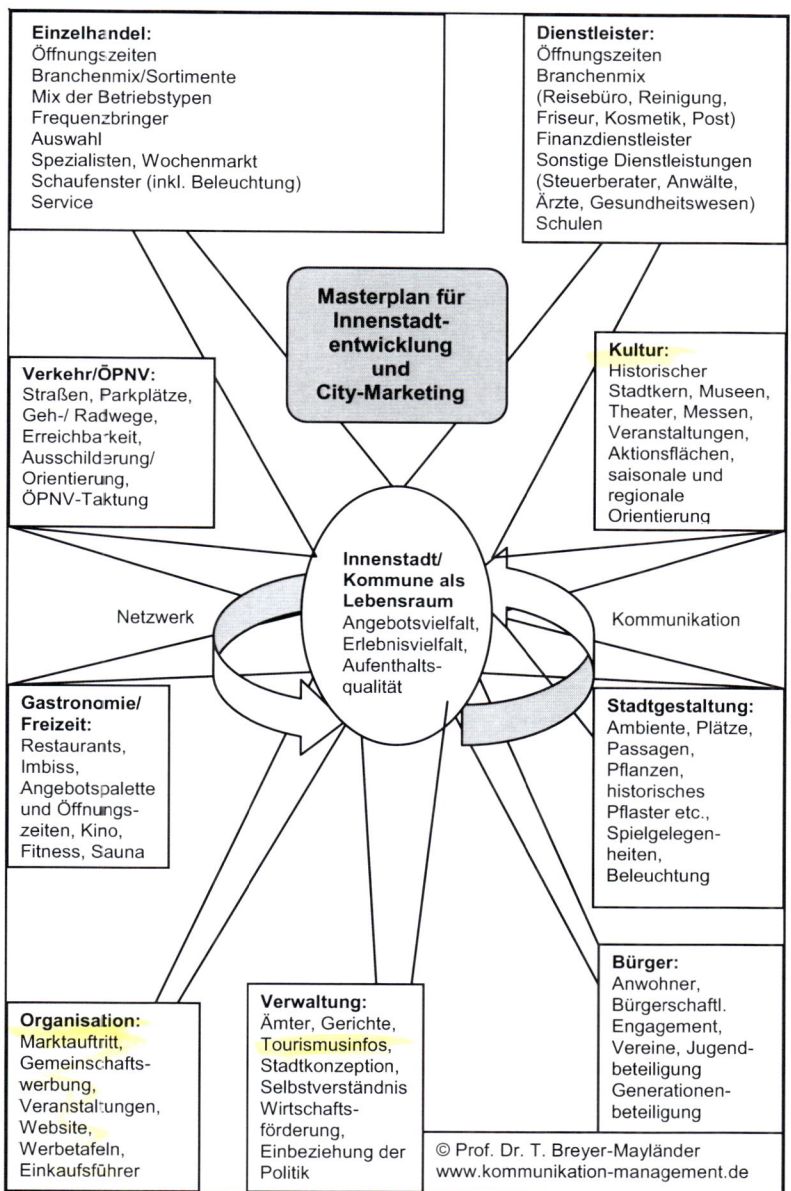

**Einzelhandel:**
Öffnungszeiten
Branchenmix/Sortimente
Mix der Betriebstypen
Frequenzbringer
Auswahl
Spezialisten, Wochenmarkt
Schaufenster (inkl. Beleuchtung)
Service

**Dienstleister:**
Öffnungszeiten
Branchenmix
(Reisebüro, Reinigung,
Friseur, Kosmetik, Post)
Finanzdienstleister
Sonstige Dienstleistungen
(Steuerberater, Anwälte,
Ärzte, Gesundheitswesen)
Schulen

**Masterplan für
Innenstadt-
entwicklung
und
City-Marketing**

**Verkehr/ÖPNV:**
Straßen, Parkplätze,
Geh-/ Radwege,
Erreichbarkeit,
Ausschilderung/
Orientierung,
ÖPNV-Taktung

**Kultur:**
Historischer
Stadtkern, Museen,
Theater, Messen,
Veranstaltungen,
Aktionsflächen,
saisonale und
regionale
Orientierung

**Innenstadt/
Kommune als
Lebensraum**
Angebotsvielfalt,
Erlebnisvielfalt,
Aufenthalts-
qualität

Netzwerk

Kommunikation

**Gastronomie/
Freizeit:**
Restaurants,
Imbiss,
Angebotspalette
und Öffnungs-
zeiten, Kino,
Fitness, Sauna

**Stadtgestaltung:**
Ambiente, Plätze,
Passagen,
Pflanzen,
historisches
Pflaster etc.,
Spielgelegen-
heiten,
Beleuchtung

**Organisation:**
Marktauftritt,
Gemeinschafts-
werbung,
Veranstaltungen,
Website,
Werbetafeln,
Einkaufsführer

**Verwaltung:**
Ämter, Gerichte,
Tourismusinfos,
Stadtkonzeption,
Selbstverständnis
Wirtschafts-
förderung,
Einbeziehung der
Politik

**Bürger:**
Anwohner,
Bürgerschaftl.
Engagement,
Vereine, Jugend-
beteiligung
Generationen-
beteiligung

© Prof. Dr. T. Breyer-Mayländer
www.kommunikation-management.de

**Akteure und beispielhafte Gestaltungsbereiche des Innenstadt-Marketings**
*(Quelle: Erweiterung des Modells der GMA in: NAFES (2002), S. 25)*

## 1.2 Trends und Herausforderungen im Handel

Die vielen Herausforderungen im Rahmen der Innenstadtentwicklung und –belebung aus Sicht der Stadt und der betroffenen Bürger sind an vielen Stellen mit der Situation des Handels verbunden. Eine belebte Innenstadt und ein Zugleich schwacher lokaler Einzelhandel sind nicht vorstellbar. Wie aber ist die Situation des Handels in Deutschland einzuschätzen?

Der Anteil des Handels an den privaten Konsumausgaben in Deutschland sinkt. Dabei können wir uns auch nicht damit trösten, dass vielleicht der Anteil am Gesamtkuchen (Konsumausgaben) zwar kleiner wird, der Kuchen insgesamt mit jedem Jahr jedoch zunimmt, denn auch das freiverfügbare Haushaltsnettoeinkommen ist nicht zuletzt aufgrund der kalten Steuerprogression in den vergangenen Jahren zurückgegangen.[2] Entsprechend schwierig waren die Jahre für den deutschen Einzelhandel seit der Jahrtausendwende.

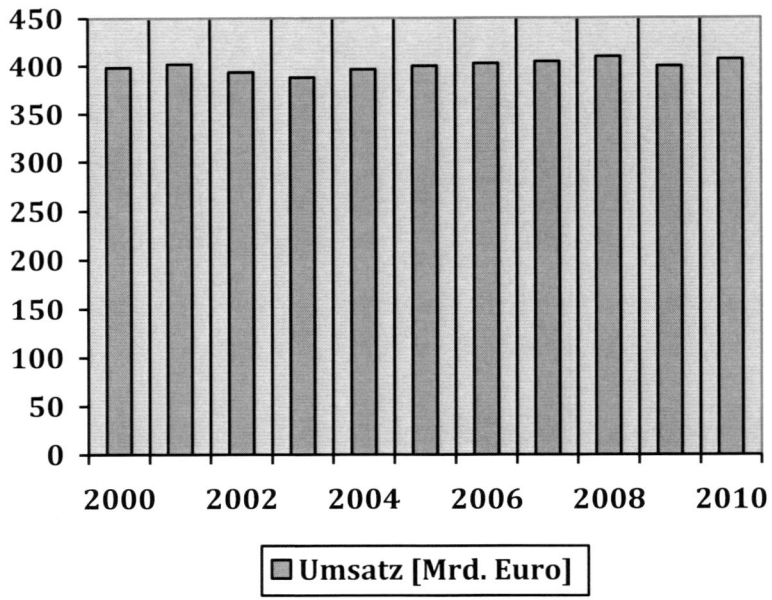

**Stagnation und wenig Wachstum: Einzelhandel in Deutschland**
*(Quelle: HDE (2011): Grafiken der Konjunkturpressekonferenz, 31. 01.2011)*

---

[2] Vgl. IW (Hrsg.) (2011)

Die problematische Erlössituation des Handels hat jedoch nicht dazu geführt, dass wir aufgrund steigender Geschäftsaufgaben weniger Flächenangebot haben. Stattdessen hat sich die Angebotsfläche in der Vergangenheit weiter ausgedehnt. Pauschal über alle Branchensegmente hinweg kann man daher von einer gestiegenen Wettbewerbsintensität ausgehen. Dabei sind die unterschiedlichen Branchensegmente und Handelsformen nicht gleichermaßen von den Entwicklungen betroffen.

## Das Wachstum der Discounter flacht sich ab

Die Discounter in Deutschland konnten sich in vielen Handelssegmenten durchsetzen, wobei das Wachstum im Lebensmitteleinzelhandel (LEH) besonders auffällig ist, wo in der nachfolgenden Grafik der obere dunkle Balken den dominanten Marktanteil der Discounter aufzeigt.

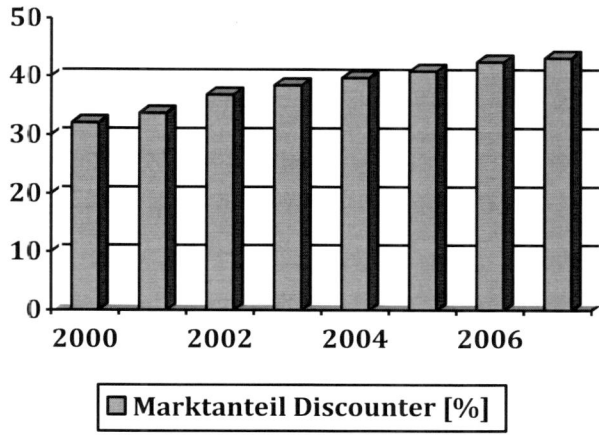

**Umsatzanteil der Discounter im LEH während der Wachstumsphase**
(Quelle: GfK/Accenture (2008), S. 11)

Was am Beispiel der Elektronik-Discounter gerne unter dem dort von Saturn geprägten Slogan **„Geiz ist geil"** zusammengefasst wird, ist der Trend der Konsumenten zum preisbewussten Einkauf. Dabei zeigt sich jedoch, dass wir es keineswegs mit einheitlichen Zielgruppen zu tun haben. Die GfK/Accenture-Studie aus dem Jahr 2008 verweist bereits auf Veränderungen in der Gesellschaft, die den Trend hin zum

Discount-Einkauf erschweren könnten (weniger Kinder, demografischer Wandel, mehr berufstätige Frauen etc.[3]). Zu diesen Veränderungen, die das Wachstum der Discounter in Teilsegmenten, bremsen kommt noch eine immer schwieriger einzuschätzende Eigenschaft der Kunden. Sie empfinden sich immer weniger als treue Kunden, die sich an Handelsmarken orientieren oder einen bestimmten Lebensstil durchgängig pflegen. Stattdessen haben wir es mit den sogenannten „hybriden Konsumenten" zu tun, die oftmals auch als „smart shopper" bezeichnet werden, da sie einerseits sehr preisbewusst einkaufen und in diesen Situationen auch Discounter bevorzugen und andererseits in anderen Segmenten auch teure und exklusive Angebote nutzen. Beim Versorgungsbedarf wird eisern gespart, gleichzeitig werden aber auch hohe Qualitätsanforderungen gestellt (z.B. was die Belastung der Lebensmittel durch Umweltgifte anbelangt), beim Verwöhnungsbedarf werden dagegen höhere Preise akzeptiert und der Luxusfaktor kann als positives Element im Marketing eingesetzt werden.

Wir haben aber nicht nur die Kunden, die buchstäblich mit dem Porsche zu Aldi fahren, sondern es zeigt sich insgesamt im Handel eine Abnahme der Kundenloyalität, die jedoch nicht nur im Handel anzutreffen ist. Es gibt den gesellschaftlichen Trend zur Multioptionalität, d.h. die Menschen wollen sich immer weniger binden und festlegen. Nicht nur Vereine spüren im Lokalen oftmals wie mühsam es ist, gerade auch jüngere Menschen von einer festen Bindung an eine Gruppe und damit auch von der Übernahme von Verantwortung für eine Gemeinschaft zu überzeugen.

Der Wunsch der Menschen sich alle Möglichkeiten möglichst lange offen zu halten, führt im Bereich der Beziehungen (unabhängig, ob es sich um geschäftliche oder private Verbindungen handelt) zu einer schwindenden Loyalität. Vielen Menschen erscheint es seltsam, dass gerade im Zeitalter der modernen Kundenbindungssysteme (wer kennt sie nicht, die vielen unterschiedlichen Karten- und Rabattaktionen) die Bindungsfähigkeit in der Kunden-Lieferantenbeziehung am stärksten gefährdet ist.

Die Discounter im LEH-Sektor, die bei vielen Entwicklungen im Handel die Vorreiter waren, haben in den vergangenen Jahren die Investitionen in eigene Handelsmarken ausgebaut und setzen in ihrer Kommunikation sehr stark auf etablierte Medienformate. So ließ sich in Blickauf-zeichnungs-Analysen und Copytests nachweisen, dass die seiten-dominierende, vierfarbige Anzeige von Aldi-Süd, die Montags und

---

[3] Vgl. GfK/Accenture (2008)

Donnerstags in den Tageszeitungen in Süddeutschland erschienen sind, als Information vom Verbraucher sehr stark wahrgenommen wurde. Im Hinblick auf die Kommunikationsstrategien im Handel ist es beeindruckend, dass gerade Aldi auf diesem Weg zur stärksten deutschen Marke wurde, ohne Geld gezielt in die klassische „Marken-Werbung" investiert zu.

Die gesellschaftlichen Veränderungen beeinflussen jedoch nicht nur die Loyalität, sondern auch die Zusammensetzung der Käuferschichten. Der demografische Wandel sorgt dafür, dass sich der Einzelhandel zunehmend auf eine im Durchschnitt älterer Kundschaft einstellen muss, die zudem in Ein- oder Zwei-Personenhaushalten lebt. Einzelne Aktionen wie Lupen zum Lesen der Preisschilder zeigen zwar, dass man sich mit den neuen Bedürfnissen der „Best Ager" auseinandersetzt, barrierefreier Zugang von kleineren Geschäften in der Innenstadt, eine Anpassung der Sortimente etc. sind jedoch nur zwei Beispiele für Herausforderungen, die noch in vielen Fällen anstehen.

## Handelsformen verändern sich

Die zunehmende Differenzierung des Handels und der Angebote hat in den vergangenen Jahren nicht immer zur Zufriedenheit der Kunden beigetragen. Wir sprechen mitterweile von einer „Consumer Confusion"[4], die man z.B. daran erkennen kann, dass die Auswahl zwischen gefühlten hundert Variationen zum Thema Toilettenpapier, wie sie in einigen Großflächenmärkten angeboten werden, nicht wirklich leicht fällt. Entsprechend reagiert der Kunde auf die zunehmende Komplexität, indem er bei der Informationssuche auf alle Kanäle setzt, die ihm hilfreich erscheinen. Tageszeitungen und Anzeigenblätter, Prospekte und Internet werden parallel zu Informationen am Point-of-Sale genutzt. Es wird daher für viele Händler zunehmend zur Herausforderung, den Mediamix im Lokalgeschäft zu strukturieren.

Das klassische Warenhaus ist spätestens seit der spektakulären Situation bei Karstadt-Quelle bekanntermaßen in der Krise. Dennoch konnten einige Händler Elemente des Warenhauses für ihre eigene Struktur übernehmen. Müller hat ausgehend vom Drogeriegeschäft die Segmente Parfümerie, Bücher, Musik, Videos, Spielwaren, Haushaltwaren, Süßwaren in das eigene Sortiment integriert und wurde damit zu einem erfolgreichen und vielfältigen Anbieter. Im Versandhandel sieht die Marktsituation ebenfalls eher angespannt aus.

---

[4] Schweizer (2005)

Der große Universalversender ist nicht zuletzt aufgrund der Konkurrenzsituation mit den E-Commerce-Anbietern im Internet zunehmend als Auslaufmodell zu betrachten, der allenfalls über Spartenkataloge erfolgreich sein kann.

Wir können insgesamt eine zunehmende Verschärfung des Wettbewerbs feststellen. Der Fachhandel kam typischerweise durch das Aufkommen von Fach-Discountern unter Druck, wie dies beispielsweise beim Elektronik-Fachhandel im Wettbewerb zu Unternehmen wie z.B. Media Markt der Fall war. Die zunehmende Preistransparenz durch das Internet führt jedoch dazu, dass mittlerweile auch der Fach-Discounter unter Preisdruck gerät, da die Kunden, die früher die Beratung im Fachgeschäft, den Kauf aber beim Discounter durchgeführt haben, nun den Kauf nicht beim Discounter, sondern beim preiswertesten (oder billigsten) Internet-Anbieter vornehmen.

**E-Commerce wächst**
Der E-Commerce-Sektor wächst, jedoch muss man bei der Betrachtung der Wachstumsraten in den neunziger Jahren auch berücksichtigen, dass damals auf einem niedrigen Niveau gestartet wurde. Heute flachen sich die Wachstumsraten ab, dennoch sind auch in schwierigen Konjunkturphasen Zuwächse zu verzeichnen.

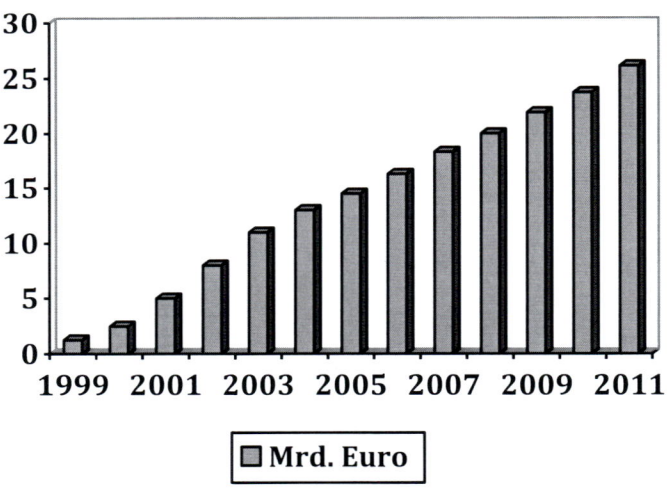

**EE-Commerce nach wie vor auf Wachstumskurs**
*(Quelle: HDE (2011), 31.Januar 2011)*

18

Dabei ist das Wettbewerbsverhältnis zwischen den unterschiedlichen Handelskanälen keineswegs einfach, da die Kunden oftmals einen Kanal für die Information und einen anderen für den Kauf nutzen.

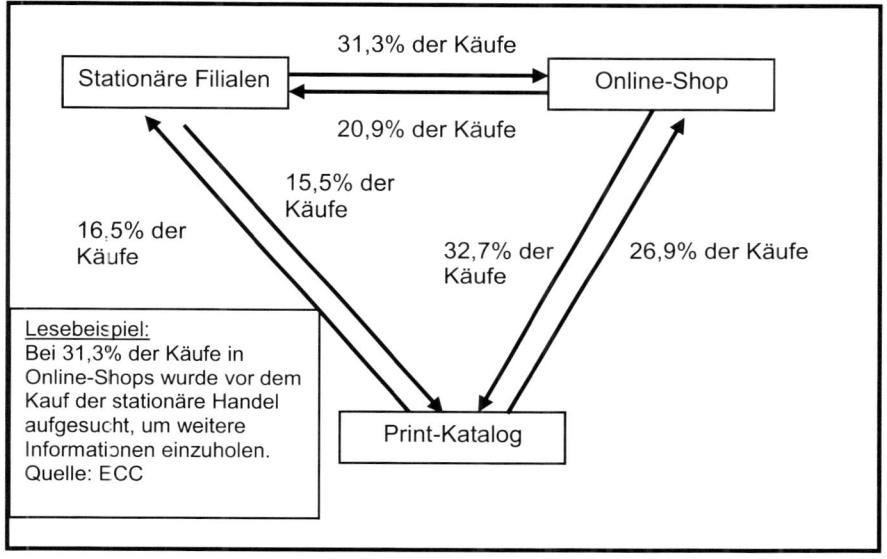

**Wechselwirkungen stationärer Handel, E-Commerce und Katalog**
*(Quelle: Daten des ECC Handel 2006 entnommen aus: Kapke (2008))*

Für die Belebung der Innenstädte ist es entscheidend, dass der Handel vor Ort zufrieden ist mit der Geschäftsentwicklung. Die Daten des Handelsverbands HDE zeigen jedoch, dass die geografische Lage (Innenstadt, Innenstadt Nebenlage, Ortsrand) sich auch direkt auf die wirtschaftliche Lage auswirkt (vgl. HDE: Konjunkturumfrage Frühjahr 2010). Dabei wirken sich folgende Entwicklungen aus:

Marktkonzentration und Problemstellungen im Handel:
- Filialisierung des Handels
- Steigender Kostendruck
- Standortschließungen ohne lokale Verbundenheit
- Discounter und Großflächen expandieren in Randlagen
- Zunahme des E-Commerce
- Rückzug von Anbietern aus der Fläche (Bsp. Post-Agenturen)
- Schwäche des Fachhandels (z.T. Bündelung in Fachmärkten)
- Kaufkraftschwäche kleinerer Standorte

## 1.3 Innenstadtbelebung – Innenstadt-Marketing – Organisationsformen und Lösungsansätze

Mit welchen Modellen erreicht man eine handlungsfähige Marketingorganisation für das Stadt- und City-Marketing ohne ressourcenfressende Strukturen und damit dauerhaft hohe Kosten in Kauf zu nehmen?

In vielen Fällen entstand aus der Leitbildentwicklung im Rahmen der Stadtentwicklung und des Bürgerschaftlichen Engagements die Forderung nach einer gezielten Positionierung der Innenstadt. Nach ersten Abstimmungsgesprächen mit den beteiligten Parteien (siehe auch die Grafik zu Innenstadtentwicklung und City-Marketing) zeigt sich in der Regel, dass keine der beteiligten Gruppierungen ohne weiteres die Bordmittel verfügbar hat, um das angestrebte Marketingziel und die notwendige Verbesserung der Situation zu realisieren. Es müssen somit neue Organisationsformen geschaffen werden.

Bereits für die breiter angelegte Aufgabenstellung des Stadtmarketings haben sich unterschiedliche Organisations- und auch Rechtsformen etabliert[5].

a) Stadtverwaltung
Dies ist die am häufigsten gewählte Instanz für die Umsetzung des Stadtmarketings. Vorteilhaft ist hier die Tatsache, dass die Strukturen für das sofortige Starten der Arbeit vorhanden und bewährt sind. Die Anbindung an das lokalpolitische Geschehen kann ebenfalls von Vorteil sein. In vielen Fällen ist jedoch eine Abhängigkeit von Politik und Gremien in Verbindung mit den Problemen der Struktur der öffentlichen Verwaltung problematisch. Um aus solchen Ansätzen keine reine Verwaltungsspielwiese zu machen empfiehlt sich eine Kopplung mit Arbeitskreisen des Bürgerschaftlichen Engagements, wodurch eine hohe Dynamik erzeugt werden kann[6]. Voraussetzung hierfür ist immer die deutliche Unterstützung durch die politische Führung in Person des Oberbürgermeisters oder Bürgermeisters.

---

[5] Vgl. Kuron (2001), S. 42f.
[6] Vgl. Breyer-Mayländer/Schade (2005)

a) Verein

Vereine lassen sich einfach gründen und so ausgestalten, dass viele Bezugsgruppen sich in das Stadtmarketing einbringen können. Die Unabhängigkeit von der Verwaltung kann sich positiv auf die Dynamik auswirken, jedoch auch zu Spannungen führen, die am Ende unproduktiv sind. Hier hilft eine gezielte Einbindung der Wirtschaftsförderung der Kommune. Die gruppendynamischen Effekte eines Vereinslebens können sich positiv, aber auch negativ auf die Aufgabenerfüllung auswirken.

b) GmbH

Wirtschaftlich effiziente Strukturen, eine klare Finanzierung und auch die Möglichkeit ohne Probleme als Vertragspartner aktiv zu werden führen in vielen Beispielfällen zur Gründung einer GmbH, auch wenn die Kommune hier nicht ohne weiteres integriert werden kann und die Unternehmensrechtsform auch viele nicht-kommerzielle Akteure eher abschreckt.

c) Arbeitskreis

Das stärker aus dem Bürgerschaftliche Engagement stammende Gebilde des Arbeitskreises ist einerseits sehr flexibel und offen, andererseits jedoch auch sehr unverbindlich, weshalb es in der Praxis für das Stadtmarketing weniger Anwendung findet. Es hängt sehr stark vom Einzelengagement ab und ist damit weniger verlässlich und auch in Fragen der Finanzstruktur schwierig.

## Innenstadtmarketing = City Manager?

Geht man vom allgemeinen Stadtmarketing auf das Innenstadt-Marketing über, so haben sich hier in den vergangenen Jahren zu-nehmend professionelle Strukturen etabliert, die deutlich als Institutionalisierung wahrnehmbar sind. Dennoch hat der in vielen Fällen beschrittene Weg zu Etablierung eines „City-Managers" auch seine Schattenseiten, so dass dies nicht zwangsläufig der einzige Weg sein muss, Innenstadtmarketing voranzubringen.

Wenn professionelle, bezahlte und ehrenamtliche Strukturen parallel geführt werden, bringt dies meist eine Reihe von Nachteilen mit sich. Das ehrenamtliche Engagement reduziert sich, da man ja einerseits im Gegensatz zum (gut?) bezahlten City Manager keine finanziellen Vorteile aus dem Arbeitseinsatz zieht und zudem auch das Gewissen beruhigt ist, da ein anderer ganz klar die Aufgabe hat, sich der Dinge anzunehmen. Es gibt immer wieder Beispiele, wo aufgrund dieser Erwartungshaltung City Manager scheitern, da es ihnen nicht gelingt, die vor ihrem Amtsantritt vorhandenen Strukturen zu erhalten und das Engagement der Partner aus dem Handel zu erhöhen statt zu beenden. Dies führt uns zwangsläufig zur Frage, wer denn den City Manager auswählt und finanziert. Hier gibt es eine Reihe unterschiedlicher Modelle, bei denen jedoch meist beitragsfinanzierte Handelsvereine und/oder steuerfinanzierte Wirtschaftsförderungsgesellschaften der Kommunen als Arbeitgeber fungieren. Für das Gelingen eines finanziell aufwändigen hauptamtlichen City Managements ist es wichtig, dass hier von der Finanzierung bis hin zur Steuerung über einen Beirat oder Vorstand Strukturen und Rahmenbedingungen vorherrschen, die einem City Manager die Arbeit erleichtern oder zumindest gestatten und nicht erschweren.

Was sind die Kernaufgaben des City Managers?
- Weiterentwicklung vorhandener Ansätze
- Attraktivitätssteigerung der Innenstadt
- Profilierung der Innenstadt
- Belebung der Innenstadt
- Förderung der Kommunikation und Kooperation unter den Akteuren
- Bündelung der Kräfte und Aktivitäten
- Steigerung der Kundenzufriedenheit
- Konzeption, Koordination und Evaluation von Aktionen und Events

Dabei können sich sehr konkrete Ziele ergeben[7]:
- Stärkung der Wirtschaftskraft des Standorts
- Unterstützung städtebaulicher Maßnahmen
- Leerstand reduzieren/Geschäfte ansiedeln/Sortimentslücken schließen
- Service/Ladenöffnungszeiten koordinieren
- Schaffung von Akzeptanz für Stadt- und City-Marketing
- Mitgliedergewinnung und –bindung
- Aktionsprogramme und Innenstadtbelebung

Der Erfolg eines gezielten City-Managements hängt dabei von unterschiedlichen Faktoren ab[8]:

---

[7] vgl. Kuron/Bona (2000), S. 14
[8] vgl. Kuron/Bona (2000), S. 45

22

- Unterstützung der Stadtspitze und der Politik
- Oberbürgermeister, Bürgermeister und Verwaltungsspitze stehen hinter den Aufgaben und der Person des City-Managers
- Institutionalisierung und Einbindung aller relevanten Gruppen
- Kommunikation und Kooperation unter den Akteuren
- Persönlichkeit des City-Managers (Kommunikations-, Integrationsfähigkeit, Kreativität, Durchsetzungsfähigkeit etc.)

Dabei muss der Nutzen des City-Managements für alle beteiligten Parteien aus Handel und Dienstleistung, für die Stadt, für die Bürger, für die Hauseigentümer und Bewohner der Innenstadt spürbar sein, um den immer wieder in der Diskussion stehenden finanziellen Aufwand zu rechtfertigen. In vielen Fällen haben sich Public-Private-Partnerships zur Finanzierung und Steuerung des Innenstadt-Marketings etabliert. Dies kann auch in kleineren Kommunen, wo ein hauptamtliches City-Management überdimensioniert wäre, die Co-Finanzierung von professionellen City-Konzepten oder von externen Beratungsleistungen sein.

## 1.4 Belebte Innenstadt statt Leerstand

Ein gutes Leerstandsmanagement ist eine wichtige Voraussetzung für Kommunikationsmaßnahmen und Kundenbindungsaktionen in der Innenstadt. Unbelebte Stadtteile und offensichtlicher Leerstand führen zu einem unvorteilhaften Ambiente aus Bürger- und Kundensicht, was sich wiederum negativ auf die verbliebenen Ladengeschäfte aus dem Bereich der Güter des täglichen Bedarfs auswirkt.

Hier muss zunächst einmal der Leerstand durch die bereits geschilderten Marketing- und Unterstützungsmaßnahmen vermieden werden. Ist er absehbar und unvermeidbar, kommt das notwendige Netzwerk zu tragen. Eigentümer/Vermieter geben die Informationen, dass Veränderungen anstehen an die Kommune und den Handels- und Gewerbeverein vor Ort frühzeitig weiter. Innerhalb der Stadtverwaltung kommt es dann an dieser Stelle auf eine rasche informelle Abstimmung zwischen Wirtschaftsförderung und Liegenschaften an, da es darum geht, künftige Interessenten sehr schnell mit dieser Information zu versorgen. Dabei sind diese Informationen gleichzeitig hochsensibel, da sie für einzelne Beteiligte auch wettbewerbsrelevant sein können.

Häufige Ursachen für Geschäftsaufgaben sind Nachfolgeprobleme bei mittelständischen Handelsunternehmen, Finanzierungsengpässe oder fehlende Perspektiven aufgrund des verschärften Wettbewerbs.

Welche Unternehmen sollten nun aus Sicht des Innenstadtmarketings angesiedelt werden? Hier gibt es eine Klassifikation der „zentrenrelevanten Sortimente", die häufig bei Regionalplänen und Bauprojekten eine Rolle spielt. Das Oberverwaltungsgericht Brandenburg[9] kommt zwar zu der Erkenntnis, dass es sich bei diesen Begriffen nicht um einen anerkannten Standard im Sinne eines klar bestimmten Rechtsbegriff handele, dennoch haben sich unabhängig von der juristischen Bewertung einige gängige Festlegungen etabliert (siehe die Tabelle auf der übernächsten Seite).

Um eine sinnvolle Entwicklungs- und Vermarktungsmöglichkeit für Innenstädte zu schaffen, ist es notwendig, die unterschiedlichen Funktionen der Sortimente in den Planungen zu berücksichtigen. Hierbei muss klar sein, dass Sortimentslücken die Attraktivität der Stadt als Ganzes negativ beeinflussen kann. Es gibt dabei eine Wechselwirkung zwischen den nicht-zentrenrelevanten Sortimentsbestandteilen, die üblicherweise auf der „grüne Wiese" angesiedelt werden und der Attraktivität des Zentrums. Städte, die erhebliche Lücken im Gesamtsortiment der Innenstadt aufweisen und ein mangelhaftes Profil beispielsweise im Discount-Sektor auf der „grünen Wiese" besitzen, haben es insgesamt schwer, sich als Einkaufsort im Rahmen der Kauf- und Pendlerströme zu etablieren.

Da es für Neuansiedlungen entscheidend ist, hier rasche Klarheit zu erlangen haben sich zahlreiche Beratungs- und Marktforschungsdienstleister auf derartige Analysen spezialisiert, die von Kommunen und Investoren genutzt werden können. Es ist für alle beteiligten Partner und Institutionen wichtig, möglichst früh Klarheit darüber zu bekommen, für welche Geschäftsformen und Branchensegmente der Standort sinnvoll sein kann, so dass auch im Vorfeld schon die Diskussion über gewünscht Standortentwicklungsziele klar an der realistischen Realisierungschance ausgerichtet werden können.

---

[9] Vgl. OVG-BRANDENBURG, Entscheidung, AZ: Urteil, 3 D 23/00.NE, Verkündungsdatum: 05.11.2003

24

Der typische Inhalt einer Standortanalyse für Investitionsentscheidungen kann wie folgt aussehen[10]:

- Makrostandort
- Mikrolage
- Potenzielles Einzugsgebiet
- Allgemeine und sortimentsspezifische
- Kaufkraft
- Soziodemographische Faktoren
- Nahbereich
- Wettbewerbssituation
- Zentralität
- Rechtliche Rahmenbedingungen

Bei den entsprechenden Regionalstudien der Marktforschung werden oftmals auch traditionelle kulturelle Beziehungen zwischen Regionen und Städten sichtbar, die sich nicht nur am jeweiligen Sortiment festmachen lassen. Das Nachbarschaftssortiment sollte nicht nur im Rahmen von Stadt- oder Ortsteilplanungen berücksichtigt werden, es hat meist auch eine Zentrenrelevanz, die sich insbesondere beim Zusammenleben unterschiedlicher Generationen bemerkbar macht. Sollte trotz aller Bemühungen Leerstand nicht zu vermeiden sein, da beispielsweise die Mietpreise in der Innenstadtlage das Bewerberfeld aus dem Handel begrenzt, oder die Flächenangebote mit nur wenigen Handelsformen in Einklang gebracht werden können, sollten sich die Verantwortlichen auf Seiten der Stadt und des Handels darauf konzentrieren, in Absprache mit den Eigentümern optisch und atmosphärisch vertretbare Lösungen zu schaffen. Ein leeres Schaufenster lockt meist eher Vandalen als Käufer und Touristen an, so dass es im allgemeinen Interesse ist, Abhilfe zu schaffen. Die Vermietung an andere Händler als Fläche zur Zweitplatzierung, die Nutzung als Infofläche für Stadtangebote und Tourismus sind Wege aus dem tristen optischen Leerstand, die ohne großen Planungs- und Umsetzungsaufwand möglich sind.

---

[10] BBE (o.J.): Flyer Standort-Check

| Kriterien | Zentrenrelevant | Nicht-zentren-relevant | Nahversorgung |
|---|---|---|---|
| Besucher frequenz | Hohe Besucherfrequenz erforderlich aber auch erzielbar (Aktionen) | Erzeugen Besucher-frequenz für spezielle Themen | Erzeugen eigene Besucherfrequenz mit z.B. Gütern des täglichen Bedarfs |
| Zentrali-tät | Hohe Ausstrahlungskraft, v.a. bei seltenen Sortimenten | Eigene lokale Ausstrahlungskraft möglich | Kaum Ausstrahlungs-kraft, lediglich sublokal, v.a. durch Service |
| Flächen-bedarf | eher gering | groß | begrenzt |
| Eigen-ständig-keit | Kopplung mit anderen Kaufabsichten, Freizeitvorhaben | kaum, bzw. keine Kopplung | eigenständiger Kaufvorgang |
| Transpor tfähigkeit | Taschenware | Autoware | Taschenware, z.T. Auto bei Lebensmittel |
| Beispiele | • Bücher/Zeitschriften<br>• Papier/Schreibwaren<br>• Bekleidung, Lederwaren, Schuhe<br>• Unterhaltungselektroni k/ Computer, Handy<br>• Elektrohaushalts-waren (Kleingeräte)<br>• Foto/Optik<br>• Haus- und Heimtextilien, Haushaltswaren, Einrichtungszubehör<br>• Uhren/Schmuck<br>• Spielwaren, Sportartikel | • Eisen-, Metall-Kunststoff-waren<br>• Garagen, Gewächshäus er<br>• Auto/Motorrad<br>• Wohnmöbel<br>• Baumärkte<br>• Blumen, Pflanzen und Saatgut<br>• Sport- und Campingartikel<br>• Sport- und Freizeitboote<br>• Büromöbel<br>• Brennstoffe | • Nahrungs- und Genussmittel einschließlich Lebensmittelladen<br>• Getränkeabhol-märkte<br>• Wasch-, Putz- und Reinigungsmittel<br>• Parfümerieartikel und Körperpflegemittel<br>• Pharmazeutische Artikel (Arzneimittel)<br>• Schnittblumen |

© Prof. Dr. T. Breyer-Mayländer
www.kommunikation-management.de

**Beispielhafte Branchengliederung nach in einem Regionalplan**
*(Quelle: eigene Gliederung in Anlehnung an div. Planungen der öffentlichen Hand, beispielhafte Quelle: BBE 2010)*

# Kapitel 2:

# Medien- und Pressearbeit

Marketing-Maßnahmen für Handel und Innenstadt sind immer davon abhängig, dass man neben dem geeigneten Produkt, d.h. beispielsweise der Sortimentsanpassung oder der Einzelaktion, auch geeignete Wege findet, seine Botschaft den relevanten Personen nahezubringen. Der Kommunikation kommt daher eine Schlüsselfunktion zu, ohne dass man in diese Überlegungen in diesem Kapitel noch die Kommunikation zwischen den unterschiedlichen Partnern einer kommunalen Marketing-Aktionsgemeinschaft mit einbezieht.

Um eine Gemeinschaftskampagne sinnvoll umsetzen zu können, müssen zunächst im Rahmen eines „Mediabriefings" ein paar Rahmendaten zwischen allen Beteiligten (z.B. Einzelhändler, Dienstleister, Stadt) abgestimmt werden. Dieselben Schritte muss sich auch jeder einzelne Händler oder Dienstleister überlegen, wenn er allein eine Werbekampagne für seine einzelnen Aktionen plant:

- Kommunikationsziel (s.u. Kap. 2.1)

- Gesamtsituation (Wettbewerbsumfeld)

- Zielgruppen (s.u. Kap. 2.2)

- Werbezeitraum

- Budget (Produktionskosten für Anzeigenmotive etc. und Mediabudget z.B. für Anzeigenschaltung)

- Media-Ziele (s.u. Kap. 2.3)

- Geplante Erfolgskontrolle

## 2.1 Kommunikationsziele

Einer der ersten Schritte bei der Planung von Kommunikationsmaßnahmen ist die gezielte Planung der Zielsetzungen.

Dies klingt auf den ersten Blick trivial, denn ohne Ziel lässt sich bekanntlich kein Themenbereich richtig steuern. Die Zusammenarbeit in der Praxis zeigt jedoch, dass Ziele und Kerninhalte bei Marketingaktionen von Kommunen und Handelsunternehmen nicht immer klar sind. Am deutlichsten mag dies der Praxisfall einer Kommune illustrieren, die sich durch eine Veranstaltung von überregionalem Interesse auf einmal im Blickfeld der (TV)-Öffentlichkeit wiederfand und diese Chance nutzen wollte. Nachdem sich viele Gremien bereits ausführlich mit möglichen Maßnahmen und Kommunikationsmitteln befasst hatten, stellte sich auf einmal die Frage, welche Botschaft man denn der hoffentlich gespannten Öffentlichkeit übermitteln wolle. Als die Verantwortlichen eine kurze Zeit nachgedacht hatten, kam an dieser Stelle zögerlich die Aussage: „Wir sind nicht Provinz!". Das Beispiel zeigt, dass es in der Praxis immer wieder vorkommt, dass man versucht, das Pferd von hinten aufzuzäumen und direkt in der Diskussion auf so spannende Themen wie Einzelmaßnahmen eingeht, während der große Rahmen und die eigentliche Zielsetzung noch komplett unklar sind. Im direkten Beratungsgespräch leuchtet es jedem Verantwortlichen direkt ein, dass er hier zunächst die Zielsetzung erledigen muss, bevor er sich auf die Folgethemen konzentriert.

Die Kommunikationsziele hängen zunächst mit den Marketingzielen zusammen, die von der jeweiligen Marketingsituation des Unternehmens oder des Produkts abhängen. Der erste Schritt ist hier das Werte- und Selbstverständnis der Stadt sowie der rund um den Handel und die Dienstleister engagierten Unternehmen und Vereine zu definieren.[11] Was auf der Ebene des einzelnen Handelsunternehmens die Corporate Identity darstellt, ist im Fall der gemeinsamen Aktionen die Identität der Innenstadt und das gemeinsam entwickelte Leitbild.

Für die Werbeaktion eines einzelnen Händlers in der Innenstadt sind weniger Bezugsgruppen maßgebend als bei einer Großveranstaltung, wie dem von einer Werbegemeinschaft veranstalteten

---

[11] Vgl. Breyer-Mayländer (2009), S. 28ff.

Weihnachtsmarkt, wo viele Anwohner, Vereine, Bürger etc. einen
eigenen Blickwinkel auf die Aktion haben werden.

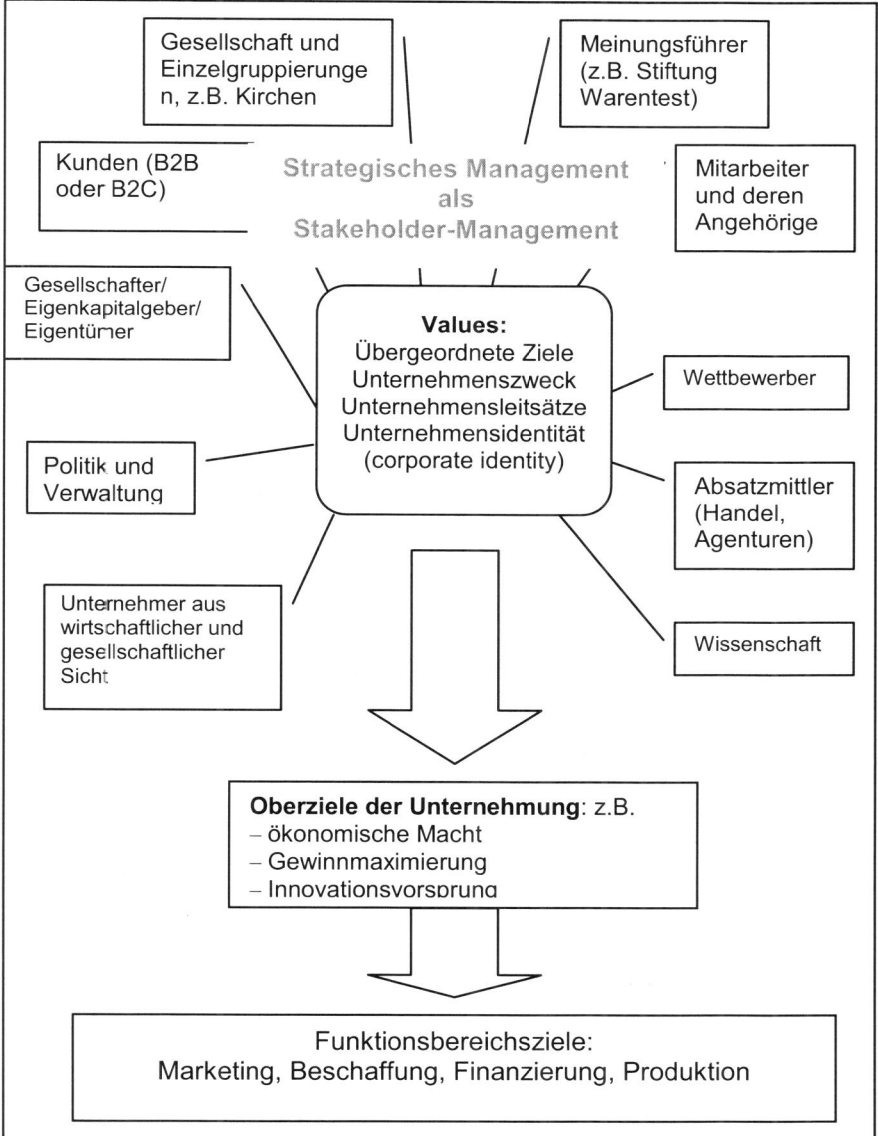

**Unternehmensziele als Grundlage für Marketing und Kommunikation**
*(Quelle: aus: Breyer-Mayländer (2009), S. 38)*

# Was sind nun die typischen Kommunikationsziele?[12]:

## Image

Bei der kommerziellen Handelswerbung ist es sowohl das Unternehmens- als auch das Produktimage, mit dem das jeweilige Geschäft verbunden ist. Im Bereich des Stadtmarketings geht es um das Image der Kommune, das Image der Kernstadt und das Image von Handel und Dienstleistern in der Kernstadt. Es geht beim Image um die Einstellungen, Meinungen, Gefühle und Bewertungen, die bei den unterschiedlichen Teilzielgruppen gegenüber der Stadt oder dem Händler vorherrschen.

Wie kann man nun ermitteln, ob Image-Aufbau oder -Verbesserung tatsächlich ein sinnvolles Ziel für das eigene Geschäft darstellen? Der erste Schritt ist hier die Messung des Images durch Befragung, so dass eine Analyse-Phase den eigentlichen Planungen von Marketing und Kommunikation voraus geht. Es ist ein vorrangiges Ziel der Kommunikation, das Image der Unternehmen und der Kommune als Einkaufsstandort positiv zu beeinflussen und zu gestalten. Dadurch werden die anderen Marketingziele erst erreichbar.

## Markenwert

Die Marke besteht aus Name, Claim (Begriff) und Symbol/Logo und soll in der Kombination so unverwechselbar sein, dass es ein authentischer Bestandteil der Wahrnehmung ist, mit der die unterschiedlichen Zielgruppen mit dem einzelnen Unternehmen oder der Stadt verbunden sind. Ursprünglich waren vor allem die Produkte im Segment der schnell drehenden Konsumgüter mit Markenmanagement befasst, heute wird dieses Know-how jedoch auch im Bereich des Handels und der öffentlichen Verwaltung genutzt. Die Marke für eine Kommune wird umgesetzt durch den Städtenamen in Verbindung mit einer Wortmarke und dem grafischen Markenzeichen, das eine eindeutig erkennbare und dadurch kennzeichnungskräftige grafische Gestaltung besitzt. In Verbindung mit der Entwicklung des Stadtkonzepts müssen Image- und Markenwert ermittelt und über einen gewissen Zeitverlauf hinweg nachgemessen werden.

---

[12] Vgl. Breyer-Mayländer (2006), S. 15ff.

**Beispiele:**

Stadt Offenburg        Beispiel Logo als Corporate Design-Element

Stadt Ettenheim     Unternehmen Ettenheim e.V.

## Öffentliche Meinung

Nicht nur für die Akteure aus dem Umfeld der Kommunalpolitik ist das Kommunikationsziel „ Beeinflussung der öffentlichen Meinung" bei allen Aktionen zumindest ein Teilziel. Für die Entwicklungsfähigkeit von Stadtzentren ist es entscheidend, dass die kommunale Öffentlichkeit bei Baumaßnahmen und Entwicklungsprojekten genauso hinter der Innenstadt steht wie bei geplanten Aktionen. Wenn man an politisch zum Teil brisante Themen wie zusätzliche „verkaufsoffene Sonntage" denkt, wird schnell klar, dass nicht nur die Kommune, sondern auch Handel und Werbegemeinschaften auf ein günstiges Meinungsklima in der Öffentlichkeit und die entsprechende Unterstützung angewiesen sind.

## Vertrauensbeziehung

Vertrauen ist eine entscheidende Dimension in der Kommunikation. Daher ist es auch in der in Abschnitt 2.3 geschilderten Mediaauswahl von großer Bedeutung, welche Medien als glaubwürdig und vertrauenswürdig gelten, d.h. wo eine Kommune oder Werbegemeinschaft die eigene Vertrauensbeziehung zur Öffentlichkeit stärken kann. Denn die Grundlage erfolgreicher Kommunikation ist eine Vertrauensbeziehung zu den unterschiedlichen Bezugsgruppen. Auf keinen Fall darf auf Grund einzelner Kommunikationsmaßnahmen das Vertrauen zu den Bezugsgruppen beschädigt werden. Die unterschiedlichen Mediengattungen unterscheiden sich in der Wahrnehmung der Kunden sehr deutlich in Bezug auf die Glaubwürdigkeit, so dass es sich bereits bei der Planung des Kommunikationsziels lohnt, besonders sensible Themen gesondert zu berücksichtigen.

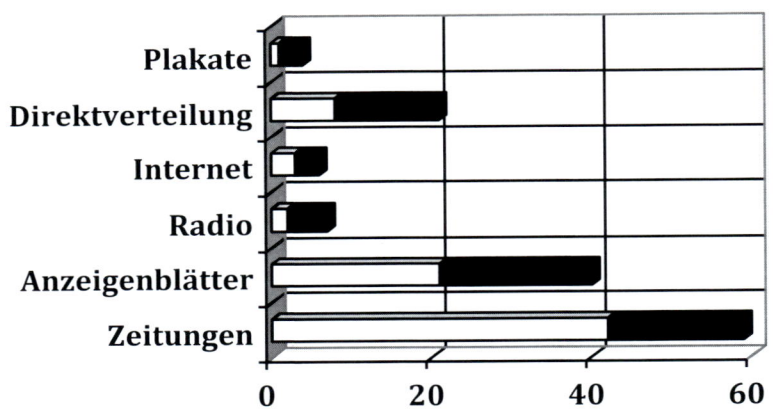

□ am glaubwürdigsten  ■ auch noch glaubwürdig

In welchem (lokalen) Medium ist Werbung am glaubwürdigsten?
*(Quelle: eigene Darstellung; ZMG (2006): Werberezeption)*

### Informationen

Neben den vorgenannten Kommunikationszielen sollte man das eigentliche Kernziel der Kommunikationsaktivitäten nicht außer Acht lassen. Bei jeder Kommunikationsmaßnahme geht es darum, Inhalte zu vermitteln. Die Inhalte können einzelne Maßnahmen wie eine „lange Einkaufsnacht" sein oder aber auch nur im Rahmen der Imagewerbung Assoziationen und Emotionen, die vermittelt werden sollen.

## 2.2 Zielgruppen

Um zielgerichtet kommunizieren zu können, muss man sich darüber im Klaren sein, wen man den gerne mit den einzelnen Aktionen, Events oder Kampagnen erreichen möchte. Der in der Praxis häufig vorkommende lapidare Antwortsatz „unsere Kunden" reicht hier nicht aus. Denn wie sieht der Kunde im Detail aus? Nur dann, wenn hier Klarheit herrscht, kann die Aktion zielgerichtet durchgeführt werden.

Die Verkaufsprofis haben zwar aus ihrer Kundenkenntnis oft ein Bild davon „wie der Kunde tickt". Das reicht jedoch im Regelfall nicht aus, um sich tatsächlich ein Bild über die tiefer gehende Struktur der Zielgruppe zu machen.[13]

### Alter, Einkommen und was noch?

Der klassische Ansatz zur Segmentierung der Kunden ist die Nutzung soziodemografischer Daten (Geschlecht, Alter, Bildung, Einkommen etc.). Hier besteht jedoch das Problem, dass zwar Plausibilitätsüberlegungen vorhanden sind, was denn ein 50-Jähriger mit gutem Einkommen so alles denkt, es gibt jedoch hier erhebliche Unterschiede in der Wertestruktur. Nicht umsonst wird immer wieder darauf hingewiesen, dass Ozzi Osbourne und Prinz Charles zwar soziodemografisch sehr ähnlich zu beurteilen sind, die Wertvorstellungen und damit auch das Kundenverhalten sind jedoch keineswegs so homogen zu sehen. Wer in Deutschland Daniel Cohn-Bendit und Franz Beckenbauer vergleicht, wird auch hier eine eher homogene soziodemografische Struktur feststellen können. Lebensstil, Werte und Konsumhaltung sind jedoch sicherlich keineswegs einheitlich.

Die detaillierte Definition der jeweiligen Zielgruppen einer Einzelmaßnahme erfolgt über:
- Soziodemografische Daten (Alter, Geschlecht, Einkommen, Beruf etc.)
- Psychologische Merkmale (Bedürfnisse, Einstellungen)
- Soziologische Merkmale (Gruppenmerkmale, Gruppennormen etc.)
- Konsumdaten (Ausstattung oder Bedarf an Gütern)

---

[13] Breyer-Mayländer (2009), S. 63

Um die Lebenseinstellungen und Wertvorstellungen von Konsumentengruppen beschreiben zu können, haben sich in der Marktforschung Milieu-Typologien durchgesetzt, wie sie etwa von Sigma oder Sinus-Sociovision angeboten werden. Diese Gliederung lässt sich auch zur Selektion von Zieladressen im Direktmarketing einsetzen und zeigt damit sehr praktisch den engen Zusammenhang zwischen Werteschema und Ansprechbarkeit der Zielgruppe.

Für das lokale Marketing, v.a. des Handels, spielt jedoch häufig der lokale Einzugsbereich die dominierende Rolle. Wie weit ist der Radius rund um das eigene Ladengeschäft, wenn es um den individuelle Kundenstruktur geht? Hier helfen bei nicht-zentrenrelevanten Sortimenten Postleitzahlanalysen, die man durch Abfrage an der Kasse vornehmen kann. Diese Daten helfen z.B. die Streukreise bei der Prospektwerbung festzulegen. Kleinere Geschäfte mit Nachbarschaftsfunktion können hier durch Kundenbefragung straßengenau abgrenzen wie die sublokale Struktur ihrer Kundschaft aussieht und dies für Außen- oder Prospektwerbung nutzen.

Auch bei Gemeinschaftsaktionen lohnt sich ein Blick auf die geografische Verteilung der Kundschaft. Untenstehende Grafik zeigt, wie bei einer Werbeerfolgskontrolle im Rahmen eines „verkaufsoffenen Sonntags" der Einzugsbereich ermittelt werden kann. Im vorliegenden Fall ging es um die Stadt Offenburg, die durch die geografische Einbindung im deutsch-französischen Grenzgebiet einige Besonderheiten aufweist. Bei der Analyse solcher Daten muss man stets darauf achten, dass man einzelne Regionen, aus denen sich auch nur wenige Besucher rekrutieren, nicht überbewertet.

Im Zweifel lohnt sich im Rahmen des Event- und Werbe-Controllings eine Überprüfung der geplanten und anvisierten Zielgruppe mit den realen Bedingungen der lokalen Marketingaktionen. Dies geht systematisch nur über eine Befragung, die aber entweder mit eigenen Kräften oder beispielsweise studentischen Hilfskräften auch preiswert durchgeführt werden kann.

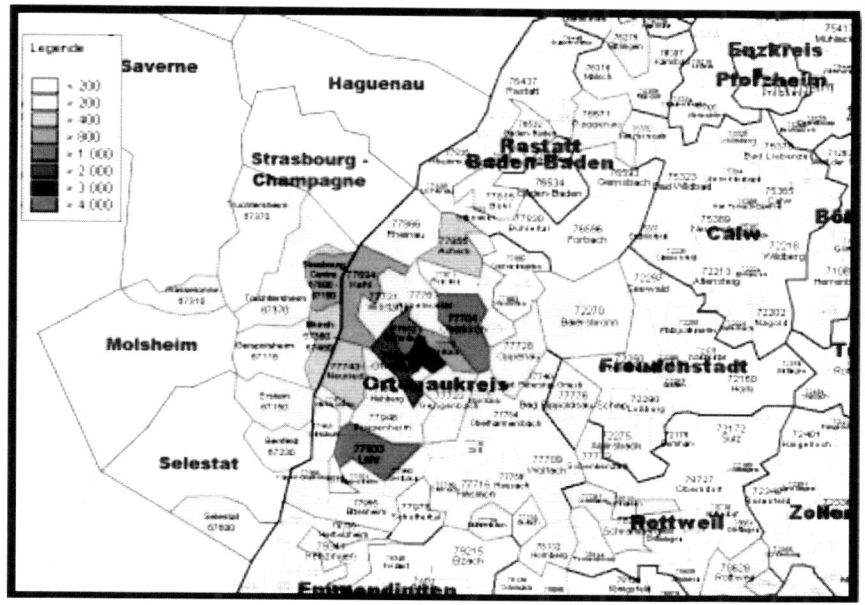

**Analyse des Einzugsbereichs eines „verkaufsoffenen Sonntags" in Offenburg**
*(Quelle: Litterst (2010), S. 30)*


## 2.3 Mediengattungen und Mediaauswahl

Kommunikation besteht immer in einem Zusammenspiel von Sender und Empfänger, wobei der Sender über einen Kanal dem Empfänger etwas mitteilt. Und hier beginnt auch schon die Frage, welche Mediengattung ist denn nun der passende Kanal für eine Werbebotschaft? Welches Medium passt zum (Ab)Sender, zur Botschaft (Werbeinhalt), zur Werbezielgruppe als Adressaten? Es geht daher bei der Auswahl der passenden Medien nicht nur um die Frage, „Wen erreiche ich mit der Zeitungsanzeige oder dem Radiospot?", sondern es geht auch um die Frage, „Wie wirkt meine Werbung im einen oder anderen Medium?" Selbst innerhalb derselben Mediengattung können die einzelnen Medien sehr unterschiedliche Wirkungen als Überbringer der Werbebotschaft haben. Ob man seine Werbung lieber in der „Frankfurter Allgemeinen Zeitung" oder in „Bild" sehen möchte, hängt neben der erforderlichen Reichweite auch vom Image des Produkts ab und auch die unterschiedlichen Wirkungen von Werbung im „Playboy" oder in „Chrismon" dürften jedem bei der Planung bereits klar sein.

Neben der Frage, wie man das Jahr über den Werbedruck am besten verteilt und welchen Saisonverlauf man am besten berücksichtigt, kommt daher der Auswahl der Mediengattungen eine entscheidende Bedeutung zu.

Folgende Fragen müssen in diesem Schritt geklärt werden:

- Nutzung/Akzeptanz der Mediengattungen durch die Zielgruppe

- Botschaft, Zielsetzung und Grundaussage der Kampagne (Emotionalisierung, Information etc.)

- Formale Anforderungen der Medien (regional bzw. lokal steuerbar, kurzfristig verfügbar, klare Selektion der Zielgruppe)

- Werbemittel und Kosten der Werbemittelproduktion

- Komplexität des Planungsvorgangs

- Preis-/Leistungsverhältnis

Dabei werden selbst im Lokalgeschäft im Normalfall unterschiedliche Medien als Werbeträger kombiniert (z.B. Anzeigenblatt, Tageszeitung und Prospektwerbung) und somit crossmediale Kampagnen bzw. Mediamix-Kampagnen geplant. Die unten stehende Tabelle liefert einen groben Überblick über die Vor- und Nachteile der einzelnen Mediengattungen. Auch hier gilt in der Praxis die Regel, dass es nicht die ideale Kombination gibt. Sorgfältige Planung kann aber dazu führen, dass man die Stärken einzelner Medien gut auf die eigene Kommunikationsaufgabe anpasst.

Was muss man daher wissen um planen zu können?
a) Kenntnisse über Stärken und Schwächen von Mediengattungen und konkreten lokalen Medien (Was kann mein lokaler Radiosender wirklich?)
b) Kenntnisse über die eigene Zielgruppe (Wer sind meine Kunden? Wen möchte ich mit der Kampagne erreichen?)
Für lokale Kampagnen ist es in der Planung zunächst wichtig, dass man zwischen lokaler Werbung, die Teil einer nationalen Kampagne ist und

lokaler Einzelwerbung unterscheidet. Bei Markenwerbung werden häufig Produktneueinführungen, z.B. neue Automodelle, von den großen Marketingzentralen beworben und es gibt für die lokalen Händler die Möglichkeit, sich in diese große Kampagne im Rahmen von Kooperationen mit eigenen Anzeigenschaltungen einzubringen, so dass vor Ort nicht nur das neue Automodell, sondern auch schon das Frühlingsfest zur Anwerbung von Probefahrern beworben wird. Diese überregionalen oder nationalen Kampagnen sind bei Markenwerbung, bei Discountern und Filialisten gängige Praxis. Hier wird meist ein reichweitenstarkes nationales Medium mit hohem Werbedruck (z.B. bei Tchibo die TV-Werbung) mit lokal verwurzelten Medien (z.B. Prospekt, Haushaltsdirektwerbung, Zeitungsanzeige) kombiniert, um somit im Mediamix die Stärken der Einzelmedien zu kombinieren.

Je mehr ich über meine Zielgruppe aussagen kann, desto besser lassen sich die Stärken der einzelnen Medien kombinieren. So ist die Tatsache, dass sich meine Zielgruppe für bestimmte Themen interessiert (Sport beim Sportgeschäft, Kultur im Buchhandel etc.) hilfreich für die Auswahl eines lokalen Werbeträgers bzw. des Werbeumfelds. Daher gilt zunächst die Aufmerksamkeit dem Kunden und der eigenen Zielgruppe, bevor man sich mit den zur Verfügung stehenden Medien beschäftigt.

Aus dem Spektrum der klassischen Medien sind für die Werbung im Lokalen folgende Werbeträger maßgebend:

**a) Tageszeitung**
Zentrale Kompetenz der Zeitung ist die Information, wenngleich auch Service und Unterhaltung seit den neunziger Jahren ausgebaut wurden. Glaubwürdigkeit und Vertrauen sind Kernkompetenzen, die der Werbebotschaft helfen. Die Werbemittel unterscheiden sich nach Größe, Format, Platzierung und Farbigkeit. Hier gibt es seit der Jahrtausendwende auch mehr „Sonderformate", die aufmerksamkeitsstarke Werbung gestatten. Die Auflagen und damit Reichweiten der Tageszeitungen sind in den vergangenen Jahren mehr und mehr unter Druck geraten, so dass die Leistungsfähigkeit lokal nochmals geprüft werden muss. Die Selektion der Zielgruppe erfolgt nach Ausgaben und ist daher lokal möglich. Die Zeitungsleser und Abonnenten weisen meist im Bereich Bildung und Einkommen überdurchschnittliche Werte auf. Die Anzeigenpreise sind eher hoch und werden mit der inhaltlichen Umfeldqualität begründet. Die Werbemittel (Anzeigenmotive) können preisgünstig erstellt werden.

| | Publikums-zeitschriften | Tages-zeitungen | Fernsehen | Radio | Außen-werbung | Online/Internet |
|---|---|---|---|---|---|---|
| **Haupt-wirkung/ Impact** | visuell/ Detailinfor-mationen emotional | visuell, aktuell, seriös, glaub-würdig | audio-visuell emotional | Ton z.T. emotional, aktuell, schnelle Info | visuell/ flüchtiger Kontakt | intensiv/ multimedial interaktiv, teilweise emotional |
| **Ziel-gruppen** | alle denkbaren Zielgruppen | breit gefächert, schwächer bei jungen Ziel-gruppen | breit, begrenzte Auswahl der Zielgruppen | breit, Musik-Sender-format bestimmt Zielgruppe | schnell, aktuell steuerbar | individuelle Ansprache, Ziel-gruppen-definition über Inhalte |
| **Reichweit enaufbau/ Aktualität** | Erschei-nungs-intervall | schnell, täglich | schnell, ständig aktuell | sehr schnell, mobil, aktuell | schnell, aktuell steuerbar | langsamer Reichweite naufbau da Zer-splitterung |
| **Ver-breitung** | national | national - lokal | national | regional, lokal | lokal | global, national |
| **Leistungs nachweis** | Nutzung über Befragung, IVW-Auflagen | Nutzung über Befragung, IVW-Auflagen | Nutzung sekunden-genau messbar | Nutzung erfragt, z.T. Messung | Erinnerung, z.T. Messung (Plakat) | Brutto-nutzung, Befragung durch AGOF |
| **Variations möglich-keiten in der Kreation** | zahlreiche Sonder-werbe-formen | gering, Sonder-werbe-formen nehmen zu | zahlreiche Sonder-werbe-formen | eher gering | viele Varianten, Tendenz steigend | viele Sonder-werbe-formen |
| **Pro-duktions-kosten** | z.T. niedrig | niedrig | hoch, sinkend | niedrig | z.T. niedrig | z.T. niedrig |
| **Planungs aufwand** | hoch | z.T. hoch, niedrig durch ZMG | sehr hoch | relativ gering | Planung durch Spezial-mittler | rel. hoch, ständige Optimierun g |
| **Einsatz-empfeh-lung** | Hohe Reichweite mit geringem Streuverlust aufbauen | regionale Schwer-punkte, glaub-würdige Info und rasche Reichweite | Emotionen und rascher Reich-weiten-aufbau | Begleit-medium als Zweit-medium in Cross-media-Kampagne | schneller Kontakt-aufbau in Crossmedia-Kampagne | Interaktion, cross-mediale Ver-längerung, Vertiefung von Infos |

**Einsatzbereiche ausgewählter Medien als Werbeträger**
*(Quelle: eigene Darstellung, ähnliche Gliederungen z.B. bei der AGOF*
*www.agof.de oder Hofsäss/Engel (2003), S. 214f.)*

## b) Anzeigenblatt

Als gratis verteilte, meist wöchentliche Produkte haben Anzeigenblätter den Vorteil die lokale Reichweite voll auszuschöpfen. Die redaktionelle Qualität und damit die Wahrnehmung als inhaltliches Umfeld sind sehr unterschiedlich. Der Ratgeber- und Servicebereich ist meist gut ausgebaut und Werbung wird vom Leser auch erwartet. Die Aufmerksamkeit hängt von der Qualität der Inhalte ab, da im Unterschied zur bezahlten Zeitung keine vertragliche Bindung an das Medium besteht. Die Zielgruppenselektion findet auf lokaler Ebene statt, es besteht meist kein Unterschied in der Zusammensetzung der Leserschaft im Vergleich mit den Durchschnittswerten der Bevölkerung. Die Anzeigenpreise sind in der Regel geringer als bei den Tageszeitungen. Die Werbemittel (Anzeigenmotive) können preisgünstig erstellt werden.

### c) Radio/Hörfunk

Hörfunk ist ein typisches Begleitmedium und ist vor allem ein Tagesmedium. Die meist privaten lokalen Anbieter kombinieren dabei in der Regel ein unterhaltungsorientiertes Musikprogramm mit einigen regionalen und lokalen Informationen. Die Musikformate konzentrieren sich dabei auf die Hits der letzten dreißig Jahre und aktuelle Hits, um eine breite Zielgruppe von 20-49 Jahren anzusprechen. Bei abweichenden Musikformaten kann über das Format eine weitere Selektion der Zielgruppe erfolgen. So bieten öffentlich-rechtliche Sender beispielsweise Formate für ältere Zielgruppen (z.B. SWR4), die zumindest regional eingegrenzt werden können. Sonst ergibt sich die Selektion über das (lokale) Sendegebiet. Die Spotproduktion verursacht einen mittleren Aufwand und bei der Kostenbetrachtung der Spotschaltungen muss der Preis für tausend Werbekontakte (Tausend-Kontakt-Preis: TKP) nochmals relativiert werden, da es sich um ein Begleitmedium handelt. Viele Mediaplaner teilen daher die Leistungsdaten bei der Preis-/Leistungsanalyse zunächst durch vier.

### d) Kino

Sehr emotionales Medium, das mit hohen Unterhaltungsqualitäten vor allem jüngere Zielgruppen in ihrer Freizeitsituation erreicht. Als lokaler Werbeträger lässt sich die Umfeldwerbung im Kino (Außenwerbung oder Ambient-Media) und der Kinospot nutzen. Bei der Spotwerbung müssen jedoch hohe Budgets für die Werbemittelerstellung eingeplant werden, da die Qualität des Werbespots sonst nicht mit der im Umfeld vorhandenen Filmqualität mithalten kann und dann negativ auf den Werbungtreibenden zurückfällt. Lokale Kinowerbung wird daher häufig als lokale Adaption von nationalen Kampagnen genutzt, wenn Markenhersteller oder Finanzdienstleister Werbemittel zentral produzieren und diese Spots dann für lokale Adaptionen ihren lokalen

Partnern und Händlern anbieten. Sonst sprechen die hohen Produktionskosten meist gegen den Einsatz von lokaler Kinowerbung. Im Multimediazeitalter ist die positive Wirkung von lokaler Diawerbung im Kino begrenzt.

### e) Stadt- und Kulturmagazine
Die Funktion der lokalen Zeitschriften, die sich meist in die Kategorien Stadt- und Kulturmagazine einteilen lassen, hängt stark vom jeweiligen inhaltlichen Konzept ab. Sie ist jedoch in der Regel mit den Aufgaben Information und Unterhaltung verbunden. Zielgruppen können geografisch und über das Themeninteresse selektiert werden, so dass für einzelne Werbekampagnen ein interessantes Umfeld entstehen kann. In Verbindung mit der preisgünstigen Produktion von Anzeigenmotiven und der guten Wiedergabequalität im Produkt entsteht somit ein interessanter Werbeträger für den Einsatz im lokalen Geschäft.

## 2.4 Jenseits der klassischen Medien

Es gibt jedoch nicht nur die mehr oder weniger bekannten Massenmedien um die Werbung eines Einzelunternehmens oder die Aktion einer Werbegemeinschaft zu verbreiten, sondern darüber hinaus bieten sich eine ganze Reihe von weiteren Werbemöglichkeiten an.

Man muss ja nicht direkt die letzten werbefreien Lücken des täglichen Lebens für sich erschließen, wie es beispielsweise bei der Werbung auf Toilettentüren von Autobahnraststätten geschieht, aber die Werbung ist insgesamt schon wesentlich dichter an den Kunden und sein tägliches Leben herangerückt und dies lässt sich auch in Ergänzung zur Werbung in klassischen Medien für lokale Aktionen nutzen.

### a)  Direct Mail
Der Versand von adressierten Werbebriefen ist ein bereits seit langem gebräuchlicher Weg des Kundenkontakts. Es ist nicht nur in geografisch begrenzten Gebieten ein preisgünstiger Weg zur direkten Kontaktaufnahme mit dem Kunden. Durch die erhöhte Leistungsfähigkeit elektronischer Datenbanken konnte dieser Ansatz zum Customer-Relationship-Management (CRM) ausgebaut werden, das vorsieht, dass alle Informationen über die Kunden (Anfragen, Reklamationen, Zahlungsverhalten, gekaufte Produkte etc.) ausgewertet werden. Damit ist es möglich, auch für eine Vielzahl von

Kunden die Kundenkenntnis zu besitzen, die im „Tante Emma-Laden"
des Lokalgeschäfts bei einer kleinen Kundenanzahl schon von jeher
vorhanden war.

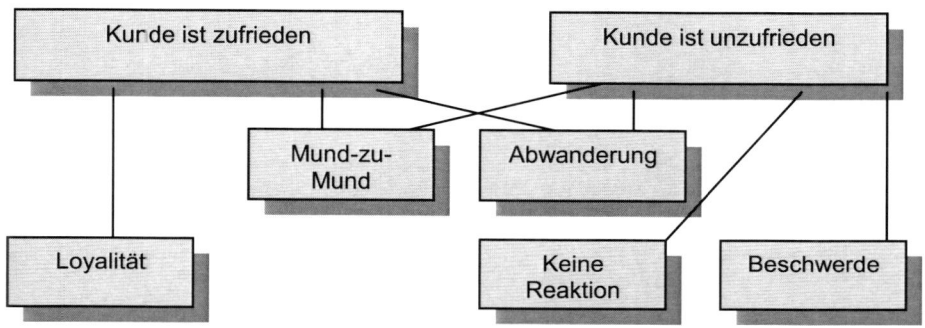

**Kundenzufriedenheit als Voraussetzung für Erfolg**
*(Quelle: Seeger (2005), S. 180)*

Weitere Möglichkeiten, um die Kundendaten und damit die Kenntnis der
Kundenwünsche auszubauen sind Kundendatenmanagementsysteme,
die an ein Bonussystem gekoppelt sind und beispielsweise mit
Kundenkarten verknüpft sind. Da es für einzelne Händler meist nicht
attraktiv ist, die hohen Kosten eines eigenen Bonussystems zu tragen,
gibt es die Möglichkeit entweder als lokale Werbegemeinschaft oder in
Verbindung mit lokalen Partnern (z.B. Zeitungsverlagen) die Karten als
lokale Marke aufzubauen und zu führen. Alternativ ist auch die
Teilnahme an den nationalen oder gar internationalen Kartensystemen
möglich. Um die lokale Stärke auch bei den Angeboten und
Kooperationen auszuschöpfen, bietet eine individuelle Lösung vor Ort
trotz aller Anstrengungen, die notwendig sind, auch besondere
Perspektiven.

Viele auch kleinere Dienstleister oder Händler aus unterschiedlichen
Branchen (Optiker, Sportgeschäft etc.) setzen die Direktwerbung per
Post seit Jahren erfolgreich ein, um durch die gezielte Ansprache von
Kunden und Interessenten ihre Verkaufsaktionen gezielt zu bewerben.
Großunternehmen führen hier oftmals Variationen durch, indem
beispielsweise Wohngegenden nach Adresskriterien klassifiziert werden
und teiladressierte Werbesendungen konzipiert werden.

## b) Prospektwerbung

Prospektwerbung ist auf unterschiedlichem Wege möglich. Neben den Prospekten am Point of Sale und der Prospektwerbung als Beilagenwerbung in Presseprodukten geht es hierbei um direkt verteilte Werbesendungen.

Wie wird nun bei lokaler Werbung ein Werbeprospekt sinnvoll eingesetzt? Einer der großen Vorteile des direkt verteilten Werbezettels ist die Steuerung des Verbreitungsgebiets. Der Auftraggeber kann unter Umständen sehr genau den Verteilbezirk vorgeben. Dies setzt jedoch auch voraus, dass er sehr genau weiß, wie groß beispielsweise im Handel der Einzugsbereich einer Filiale ist. Um hier mit einer ausreichenden Kenntnis aufzuwarten, investieren viele lokale Gewerbetreibende (beispielsweise aus dem Handel) in einfache aber wirksame Formen der Marktforschung. Selbst bei Großunternehmen wie dem Elektronikdiscounter Media Markt geht es dabei darum, über Beobachtung oder Befragung mehr über die geografische Verteilung der Zielgruppen zu wissen. So werden beispielsweise die Kunden an der Kasse nach ihrer Postleitzahl gefragt oder über Kundenkartensysteme (s.o.) wird die genaue Adresse gespeichert und ausgewertet oder es werden beispielhafte Einzugsgebiete über Gewinnspiele ermittelt. Ein Pressemedium wie das Anzeigenblatt oder die Tageszeitung kann nun nicht einzelne Ausgaben oder Vertriebsgebiete so anlegen, dass sie 1:1 zur angestrebten Verteilfläche passen. Diese Streukreisoptimierung ist daher ein Vorteil des direkt verteilten Prospekts.

Nachteilig sind jedoch die erreichbaren Reichweiten, da der direkt verteilte Prospekt im Gegensatz zur Anzeigenblatt- oder Zeitungsbeilage nicht in die sogenannten „Werbestopphaushalte" verteilt werden darf.

Beim Vergleich der Preis-/Leistungsbilanz der Werbeträger muss zunächst die Leistungsseite hinterfragt werden, um auch tatsächlich eine sinnvolle Bewertung vornehmen zu können. Hier fällt auf, dass es sich um drei höchst unterschiedliche Produkte handelt: Prospektbeilagen in der Tageszeitung, Prospektbeilagen im Anzeigenblatt, direkt verteilte Prospekte. Jede der beteiligten Branchen stellt über ihre eigene Branchenorganisation (ZMG, BVDA, DDV) Informationen zur Verfügung, die das eigene Leistungsspektrum darstellen sollen.

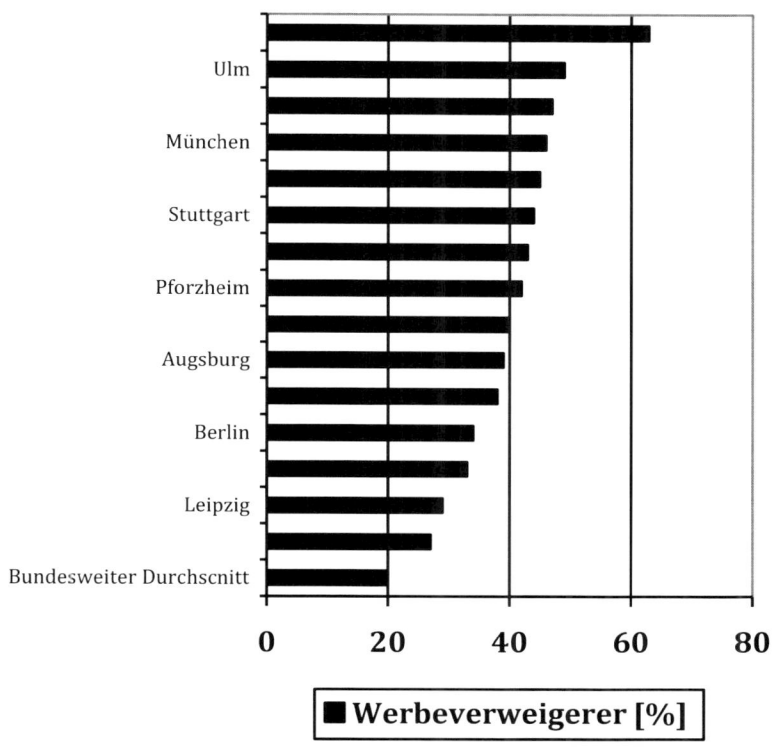

**Anteil der Werbeverweigerer in deutschen Großstädten**
*(Quelle: eigene Darstellung, nach: DPAG: ZMG (2010): Zeitungsqualitäten, S. 46)*

Dass es sich jedoch um tatsächlich unterschiedliche Leistungen handelt, die die einzelnen Prospekt-/Beilagenvarianten bieten, zeigt das Preisniveau, bei dem ein sehr klares Preisgefälle sichtbar ist, bei dem die Zeitungen die höchsten, die direkt verteilten Prospekte die niedrigsten Preise durchsetzen können.

Eine ähnliche Leistung versucht die Deutsche Post AG durch ihr Produkt „Einkauf Aktuell" anzubieten, das vor allem in Ballungsräumen zum Einsatz kommt. Bei diesem am Wochenende verteilten Produkt handelt es sich im Kern um eine Zeitschrift mit TV-Programm, das gemeinsam mit Werbeprospekten kostenlos in jeden Haushalt verteilt wird. Dass diese Form von direkt verteilten, in Folie eingeschweißten Werbebotschaften auch problematisch sein kann, zeigt ein Blick ins Internet wo man unter „unverlangt zugestellter Werbemüll" Hinweise auf dieses Produkt finden kann.

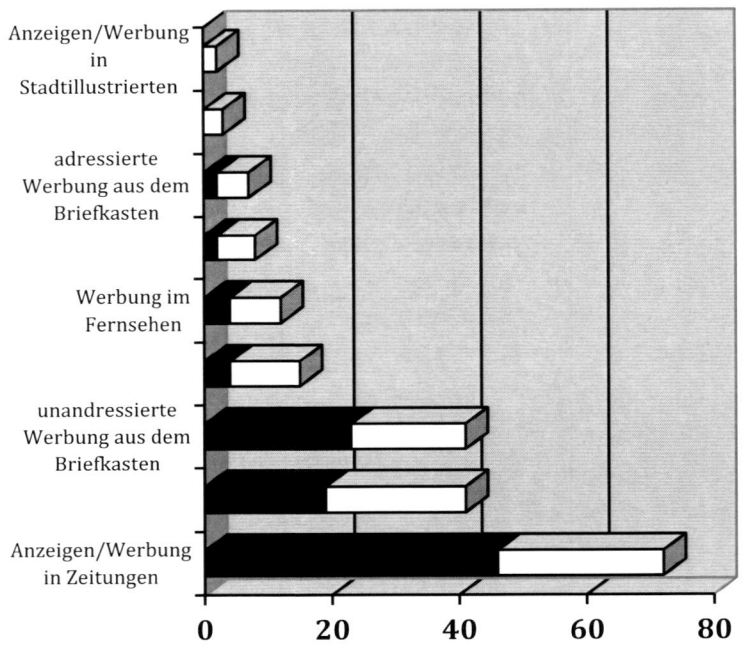

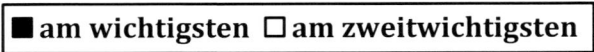

**am wichtigsten** □ **am zweitwichtigsten**

**Relevanz unterschiedlicher Formen der Handelswerbung**
*(Quelle: ZMG (2010): Zeitungsqualitäten, S. 51)*

Eine weitere, nicht klassische Direktwerbemöglichkeit ist die Telefonwerbung. Seit den neunziger Jahren haben wir in Deutschland einen großen Boom der Call-Center registrieren können. Neben Service-Telefonaten ging es dabei stets auch um das sogenannte

Outbound-Telefonmarketing, bei dem man gezielt Erstkontakte per Telefon herstellt. Jedoch musste seit 2005 festgestellt werden, dass es im Markt eine gewisse Übersättigung gegenüber diesem sehr offensiven Werbeweg gab. Diese Probleme in der Akquise haben auch in das Gesetzgebungsverfahren Eingang gefunden, die heute sehr hohe Voraussetzungen an gewerbliche Telefonanrufe stellt. Im Lokalgeschäft ist daher eher die telefonische Betreuung auch im Sinne des After-Sales-Services von Bedeutung, wenn beispielsweise Service-Kunden von Vertragswerkstätten im Automobilsektor vom jeweiligen Hersteller auf ihre Kundenzufriedenheit hin befragt werden.

### c) Außenwerbung

Ein etablierter Zweig der nicht-klassischen Werbekommunikation ist die Außenwerbung, die auch im lokalen Werbegeschäft sinnvoll zum Einsatz kommt. Seit ein paar Jahren wird hier unter „Out-of-Home"-Media ein ganzes Spektrum an Möglichkeiten angeboten.

* Fassadenwerbung
* Plakatwerbung (Citylightposter etc.)
* Straßenbanner
* Aufsteller
* Ambient Media wie beispielsweise Pizzakartons, Kaffeebecher etc.
* Verkehrsmittelwerbung
* Werbung am Point-of-Sale (Schaufensterwerbung)

Diese Medien sind meist sehr gut lokal oder gar sublokal steuerbar und werden häufig als Ergänzung im Rahmen von Kampagnen eingesetzt. Dabei hat natürlich eine längerfristig genutzte Verkehrsmittelwerbung eine andere Funktion als eine sehr kurzfristig zu einer Anzeigenkampagne hinzugefügte Plakat- oder Banneraktion. Bei der Gestaltung der innenstadtnahen Werbemittel ist meist auch nicht mehr nur das einzelne Geschäft betroffen, sondern im Sinne eines gemeinsamen Handelns von Stadt und Werbegemeinschaft sollten für die Gestaltung der Innenstadt gemeinsame Richtlinien, wie z.B. für Aufsteller festgelegt werden, um Wildwuchs zu vermeiden.

### d) Internet

Die Frage, ob das Internet denn nun ein lokales Medium darstellt oder nicht, lässt sich nicht wirklich sinnvoll pauschal beantworten, denn mit der selben Berechtigung könnte man natürlich fragen, ob gedrucktes Papier denn nun primär lokal oder national orientiert ist. Das Internet stellt lediglich die gemeinsame technische Basis dar, die in Abhängigkeit von den Inhalten sehr unterschiedlich ausgestaltet wird.

## Wie entsteht nun Lokalität im Internet?

Es gibt eine Reihe von lokalen Angeboten, die redaktionell erstellt werden und sich auf bestimmte lokale Gebiete konzentrieren. Beispielhaft sind im Bereich der redaktionellen Inhalte die Angebote der lokalen Presseverlage (v.a. aus dem Segment der Tageszeitungen) und im nicht-redaktionellen Sektor die Angebote von Vereinen, Museen, Freizeiteinrichtungen etc..

Eine weitere, inhaltlich auf lokale oder regionale Gegebenheiten ausgerichtete, Angebotsform sind Communities, die entweder einen sehr starken oder gar ausschließlichen Lokalbezug besitzen. Bei einigen Communities besteht der Wert in der nationalen oder noch besser internationalen Vernetzung der unterschiedlichen Profile. Auch in diesen Communities lassen sich lokale oder regionale Untergruppen bilden und gesondert werblich ansprechen. So kann es für einen IT-Dienstleister attraktiv sein, eine lokale Gruppe des Business-Netzwerks „Xing" anzusprechen.

Darüber hinaus haben sich aber auch Communities gebildet, die aus der Kombination von realen und virtuellen Community-Erlebnissen ihre Attraktivität ableiten und beispielsweise gemeinsame Partys und den Online-Austausch kombinieren. Für die Ansprache jüngerer lokaler Zielgruppen kann dies eine sinnvolle Werbekombination sein.

Auch bei der freien Nutzung des weltweiten Netzes kann ein Lokalbezug hergestellt werden, wenn ein sogenanntes Lokal-Targeting durchgeführt wird. Dabei wird anhand der technischen Daten der Einwahlknoten die regionale Herkunft der Nutzer ausgewertet. Das Targeting beschreibt dabei den grundsätzlichen Vorgang, Teile der Mediennutzer auszuwählen (Zielgruppenauswahl), hier in unserem Beispiel eben eine Zielgruppensegmentierung nach Region. Wenn nun inhaltliche Kriterien (Interesse an Sport oder Politik) mit regionalen Kriterien kombiniert werden, kann eine interessante Zielgruppenauswahl entstehen.

**Bsp. „OS-Community" eine Plattform für den Raum Osnabrück, die über die Dachmarke „stayblue" auch in anderen Regionen aktiv ist**

Einen großen Zuwachs konnte jedoch in den vergangen Jahren die lokale Suchmaschinenwerbung verzeichnen. Ein Geschäft, in das zwar auch die lokalen Verzeichnismedien (Adress- und Telefonbuchverlage) eingestiegen sind, das in Deutschland jedoch zu mehr als neunzig Prozent von „Google" dominiert wird. Die Suchwortvermarktung ist mittlerweile ein Geschäftsfeld von mehr als 1,8 Mrd. Euro Umsatz im deutschen Markt. Sie ist in der Funktion häufig eine elektronische Ergänzung zum klassischen Adressbucheintrag.

Die klassische Online-Werbung wird vor allem durch die bessere Planbarkeit und erweiterte Targetingmöglichkeiten attraktiver und immer stärker in den crossmedialen Mediamix einbezogen.

47

# Werbeumsätze in Mio. Euro

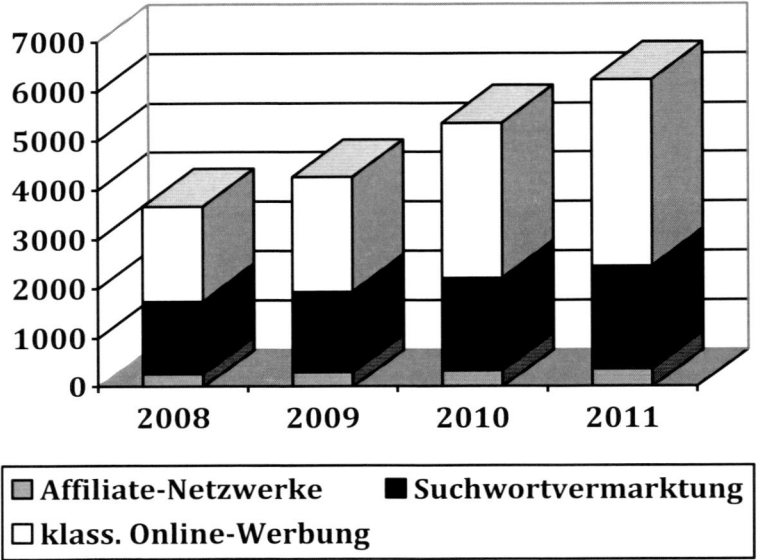

**Online-Werbestatistik**
*(Quelle: AGOF/OVK (Hrsg.): OVK-Online-Report 2011-1, S. 4)*

## 2.5. PR – Jenseits der klassischen Werbung

Wenn jede zielgerichtete Kommunikation im lokalen Geschäft bezahlte Werbung wäre, dann müsste man sicherlich damit rechnen, dass weit weniger Botschaften ihre Zielgruppe erreichten. Es ist für gerade kleinere Partner unerlässlich mit ihren Ansprechpartnern und Zielgruppen im Kontakt zu bleiben, ohne dass hier große Budgets zur Verfügung stehen.

Hierfür steht das Instrumentarium der Öffentlichkeitsarbeit zur Verfügung, die sich „mit der Beziehungspflege zwischen dem Unternehmen und der Öffentlichkeit"[14] befasst.

---

[14] Vgl. Breyer-Mayländer (2006), S. 34

Die typischen Instrumente der Öffentlichkeitsarbeit im lokalen Geschäft sind:

a) Pressemitteilungen (zu wichtigen Ereignissen, die man der Öffentlichkeit vor Ort mitteilen möchte)
b) Pressekonferenzen (Einladung an Journalisten zu einer formellen Pressekonferenz mit zusätzlichen Informationen) oder abgewandelt davon das Pressegespräch
c) Veranstaltungen/Events (dies kann die Lesung in der Buchhandlung oder das Kräuterfest in der Gärtnerei sein und schafft jeweils eigene Kommunikationsanlässe)

Natürlich lassen sich auch im lokalen Markt die übrigen PR-Instrumente wie etwa Zusatzinformationen auf der Firmenwebsite einsetzen. Für eine gezielte Öffentlichkeitsarbeit ist zunächst einmal das Selbstverständnis des Unternehmens und des Unternehmers entscheidend. Man muss die Beziehung und die Pflege der Beziehung mit der Öffentlichkeit auch tatsächlich wollen.

Was sind die Zielgruppen und Adressaten einer solchen lokalen Öffentlichkeitsarbeit?

**Markt:**
a) Kunden (in unterschiedlicher Wertigkeit vom Stammkunde bis zur Laufkundschaft)
b) Händler (beispielsweise bei regionalen Erzeugern)
c) Multiplikatoren (z.B. der ausgewiesene Weinkenner als Multiplikator für die Winzergenossenschaft)
d) Lieferanten (beispielsweise Getränkelieferanten in der Gastronomie)
e) Dienstleister (vom Steuerberater bis zur Werbeagentur)

**Mitarbeiter:**
a) Mitarbeiter und deren Familien
b) Gewerkschaften und Interessenvertretungen
c) Multiplikatoren (beispielsweise Schulen und Bildungsträger mit mittelbarem Einfluss auf künftige Bewerberinnen und Bewerber)

**Branche/Medien:**
a) Fachverbände (z.B. die unterschiedlichen Lokal- und Regionalgliederungen der Handelsverbände und der Branchenfachverbände)

b) Zeitung (lokales Medium, häufig mit Meinungsführerschaft)
c) Anzeigenblatt (je nach redaktioneller Struktur u.U. ähnlich
   wichtig wie Zeitung)
d) Lokaler und regionaler Hörfunk (oftmals nur für „große Themen"
   zugänglich)
e) Lokale und regionale Zeitschriften (z.B. Stadtmagazine)
f) Lokale Websites (unterschiedliche Struktur in Abhängigkeit von
   der Zielgruppe)

**Gesellschaft/Politik:**
a) Landkreis (vor allem bei Themen, die über den Ort selbst hinaus
   von Bedeutung sind)
b) Kommune (Ober-)Bürgermeister, Stadtverwaltung,
   Gemeinderat)
c) Nachbarn/Anlieger (dies ist immer wieder bei Baumaßnahmen,
   Feierlichkeiten etc. von Bedeutung)
d) Vereine (bieten sich mitunter als Kundensammelbecken oder
   Kooperationspartner an)
e) Kirchen (nicht nur bei verkaufsoffenen Sonntagen eine wichtige
   meinungsbildende Instanz)
f) Politik (Parteien, Fraktionen, Bürgerinitiativen etc.)

Dieser kurze Überblick über wichtige Teil-Öffentlichkeiten zeigt, dass es durchaus eine ernstzunehmende Aufgabe ist, die Beziehungspflege auszuüben und ggf. zu professionalisieren. Denn es reicht nicht, der Überzeugung zu sein, dass die anderen einen ja bereits seit Jahren gut kennen und Bescheid wissen. Wie wichtig eine solide PR-/Öffentlichkeitsarbeit ist, zeigt sich auch bei größeren Unternehmen regelmäßig im Falle der Krisenkommunikation, bei der man als Unternehmen vom erarbeiteten Vertrauen profitieren muss.

Es ist nun eine zentrale Aufgabe ausreichend Anlässe für eine Berichterstattung über das eigene Unternehmen zu schaffen und dies auch deutlich an die Medienpartner mitzuteilen. Diese Aufgabe gilt es betriebsindividuell genauso wahrzunehmen wie auch im Verbund vor Ort, beispielsweise im Rahmen der örtlichen Werbegemeinschaft.

Eine weitere Aufgabe der lokalen Pressearbeit im Rahmen der Arbeit in Werbegemeinschaften und lokalen Unternehmerverbänden ist die Einbeziehung der Pressevertreter in die Arbeit. Presseunternehmen und deren Vertreter können zunächst als Firmenmitglieder sehr wertvoll sein für künftige Aktivitäten. Auch die Einbeziehung der Pressevertreter in Gremien (vom Vorstand bis hin zu speziellen Projektgruppen) bietet die Möglichkeit nicht nur für Transparenz zu sorgen, sondern erhöht in vielen Fällen den Wert des Gremiums. Bei einzelnen Aktionen (Kulturfestival, Verkaufsoffener Sonntag etc.) lohnt es sich ohnehin die Vertreter der Presse als Vertreter ihres Unternehmens mit einzubeziehen.

Am besten lassen sich die Ergebnisse der Pressearbeit am Beispiel zeigen. Die beigefügte Berichterstattung bezog sich auf eine Gewinnauslosung, die eigentlich im Saisonverlauf schon recht spät platziert war. Dennoch waren hier gute Resonanzen in der Berichterstattung zu verzeichnen.

Basis war eine kurze Pressemeldung und ein Foto, um den an und für sich für die Presse eher unattraktiven Text mit vielen Firmennamen und Nennung der Gewinner so zu gestalten, dass er einfach illustriert und verwendet werden kann. Die vor Ort führende Tageszeitung und zwei der drei relevanten Anzeigenblätter hatten bei dieser Aktion die Berichterstattung in Text und Bild übernommen.

18. März 2010 · Ausgabe 11
Ettenheimer Stadtanzeiger

## Aktionen von „Unternehmen Ettenheim"

Zahlreiche Gewinner bei Gewinnspiel von Unternehmen Ettenheim

Ettenheim. Fantasie und Kreativität waren gefragt, um sinnvolle Antworten für das Weihnachtsgewinnspiel von Unternehmen Ettenheim zu finden. Die Ettenheimer haben hier jedoch viel Talent bewiesen, gute Schätzungen für die Anzahl der Kerzen am Weihnachtsbaum und die Länge des Adventsschmucks abgegeben, sodass aus zahlreichen ähnlichen aber nie ganz richtigen Einsendungen die Gewinner ausgelost werden konnten.

Der Hauptpreis, ein Geschenkgutschein von Unternehmen Ettenheim über 250 Euro geht an Martina Fuchs, der zweite Preis, ein Gutschein über 100 Euro erfreut Elena Schaub, während Maria Volk sich über 50 Euro freuen kann. „Die gute Resonanz auf das Gewinnspiel ermutigt uns bei unseren Planungen für weitere Aktionen 2010", waren sich die Vorstandsmitglieder während der Verlosung einig. Denn in diesem Jahr soll jedes Quartal durch eigene Aktionen begleitet werden.

Der nächste Aktionszeitraum wird über Ostern sein. Die insgesamt 17 Preise des jüngsten Gewinnspiels warten in den Geschäftsräumen

Glücksfee Sophie sowie Jens Przibilla, Viktor Weber und Thomas Breyer-Mayländer vom Vorstand Unternehmen Ettenheim.

von Brillen Keller auf die Gewinner. Weitere Gewinner des Preisrätsels von Unternehmen Ettenheim: Handy der Firma VB-Kommunikation: Silke R. Biehler, Gutschein über eine Nordmann-Tanne Gärtnerei Jäger: Waltraud Röderer sowie Blumengutschein Gärtnerei Jäger: Leonie Fink und Benjamin Hämmerle, Gut-

schein von Kaffee-Killius: Gaby Bender, Paket der Rohan-Apotheke: von Julian Röderer, Gutscheine von Andlauer Autoservice: Hermann Hämmerle, Gerd Tränkle, Annika Hämmerle, Christiane Czosnetzk, Martin Schäuble, Gutscheine von Rad-Schulz: Reimund Schaub, Christian Melzer, Marita Bastian.

**Beispiel für Berichterstattung über lokale Ereignisse**
*(Quelle: Ettenheimer Stadtanzeiger 18.3.2010)*

51

## Glückliche Gewinner beim Unternehmen Ettenheim

### In diesem Jahr in jedem Quartal Aktionen geplant

**Ettenheim** (st). Phantasie und Kreativität waren gefragt, um sinnvolle Antworten für das Weihnachtsgewinnspiel von Unternehmen Ettenheim zu finden. Die Ettenheimer haben hier jedoch viel Talent bewiesen, gute Schätzungen für die Anzahl der Kerzen am Weihnachtsbaum und die Länge des Advents-

**Gewinner gezogen: Glücksfee Sophie sowie Jens Przibilla, Viktor Weber und Thomas Breyer-Mayländer vom Vorstand Unternehmen Ettenheim.** Foto: st

schmucks abgegeben, so dass jetzt aus zahlreichen ähnlichen, aber nie ganz richtigen Einsendungen die Gewinner ausgelost werden konnten.

Der Hauptpreis, ein Geschenkgutschein von Unternehmen Ettenheim über 250 Euro, geht an Martina Fuchs, der zweite Preis, ein Gutschein über

100 Euro erfreut Elena Schaub, während Maria Volk sich über 50 Euro freuen kann.

„Die gute Resonanz auf das Gewinnspiel ermutigt uns bei unseren Planungen für weitere Aktionen 2010", waren sich die Vorstandsmitglieder während der Verlosung einig. Denn in diesem Jahr soll jedes Quartal durch eigene Aktionen begleitet werden.

Der nächste Aktionszeitraum wird Ostern sein. Die insgesamt 17 Preise des jüngsten Gewinnspiels warten in den Geschäftsräumen von Brillen Keller auf die Gewinner. Die weiteren glücklichen Gewinner des Preisrätsels: Handy der Firma VB-Kommunikation: Silke R. Biehler, Gutschein für eine Nordmann-Tanne der Firma Jäger: Waltraud Röderer, Blumengutscheine der Firma Jäger: Leonie Fink und Benjamin Hämmerle, Gutschein der Firma Kaffee-Killius: Gaby Bender, Paket der Rohan-Apotheke: Julian Röderer, Gutscheine der Firma Andlauer-Autoservice: Hermann Hämmerle, Gerd Tränkle, Annika Hämmerle, Christiane Czosnetzk und Martin Schäuble, Gutscheine der Firma Rad-Schulz: Reimund Schaub, Christian Melzer und Marita Bastian.

**Beispiel für Berichterstattung über lokale Ereignisse**
*(Quelle: Stadtanzeiger 17.3.2010)*

**Welche Anforderungen gelten nun in Bezug auf die Hauptaufgaben Pressemitteilungen und Pressekonferenzen?**

**Anlass:**
Ausreichender Neuigkeits- und Informationswert des Anlasses (aktuell, lokaler Bezug, Bedeutung für die Zielgruppe des jeweiligen Mediums, z.B. Zeitungsleser, Bekanntheitsgrad der Akteure vor Ort)

**Form:**
Ein einheitliches und unverwechselbares Erscheinungsbild (Briefkopf Pressemitteilung)

**Umfang:**
In der Regel nicht mehr als zwei Seiten, Zeilenabstand 1,5 mit 5 cm Rand und 50-60 Zeichen pro Seite, sowie eine gut lesbare Schrift.

**Überschrift:**
Zuerst „Pressemitteilung" und dann die inhaltliche Überschrift in der zweiten Zeile. Die Überschrift wird im Regelfall vom übernehmenden Medium geändert.
Headline: Schlagwortartige Kernaussage
Subline/Topline: weitere wichtige Informationen

**Aufbau:**
Umgekehrte Inforamtionspyramide. Das bedeutet, das Wichtigste muss am Anfang kommen (W-Fragen: Wer?, Was?, Wann?, Wo?, Wie?, Warum?), damit der Text problemlos vom Ende her gekürzt werden kann.Es empfiehlt sich in der Mitteilung den aktuellen Bezug nochmals deutlich mitzuteilen, um aus der Masse der Meldungen posiitv hervorzustechen.

**Stil:**
Kurz, verständlich, aktiv formuliert, Abwechslung durch Zitate (abgestimmt), neutraler Sprachstil, keine Werbesprache

**Bildmaterial:**
Unterschiedliche Bilder zur Auswahl stellen, um die Variationsmöglichkeiten für die Journalisten zu erhöhen.

**Versand:**
Aktueller lokaler Verteiler muss gepflegt werden. Versand elektronisch per Mail ist üblich.

© Prof. Dr. Thomas Breyer-Mayländer
www.kommunikation-management.de

**Guerilla-Marketing:**
Seit der Jahrhundertwende sind die Marketingprinzipien, nach denen man sich direkt einen Wettbewerber vornimmt und mit ungewöhnlichen Marketing- und Kommunikationsmaßnahmen oftmals ohne klassisches Werbebudget sein Werbeziel verfolgt, in der Diskussion. Beispielhaft ist die Reaktion eines etablierten Friseursalons, dem ein Discount-Anbieter auf einmal in der unmittelbaren Nachbarschaft Konkurrenz machte. Er stieg nicht darauf ein, den vom Wettbewerber angebotenen Preis von 10 Euro pro Haarschnitt zu unterbieten, sondern er dekorierte sein Schaufenster mit der Aussage: „Wir korrigieren Ihren 10-Euro-Haarschnitt schnell, diskret und professionell!".

**Virales Marketing:**
Die Mund-zu-Mund-Propaganda als typischer Multiplikatoreffekt im lokalen hat durch die neuen Möglichkeiten des Internet eine neue Aufmerksamkeit bekommen. Für das Lokalgeschäft kann beides genutzt werden, das virale Marketing im Internet und aber auch das virale Marketing durch Aktionen vor Ort. Beispielhaft für Letzteres ist eine Aktion des Zoos in Calgary. Um junge Familien als Zielgruppe zu erreichen, lies der Zoo Kinderwagen mit Abmessungen für Giraffen bauen, die er an Spielplätzen in der Stadt aufstellte. Wenn nun die neugierigen Kinder oder Eltern den seltsam verbauten Kinderwagen mit dem grotesk hohen Sonnedach näher anschauten, konnten Sie als Werbebotschaft lesen, dass der Zoo Calgary eine neue Baby-Giraffe hat, die auf einen Besuch wartet. Solche Aktionen verbreiten sich sehr rasch durch Mund-zu-Mund-Propaganda.


## 2.6 Crossmedia: Die Botschaft im Blick behalten

Für eine gelungene Kampagne müssen im Regelfall unterschiedliche Medien kombiniert werden. Dabei geht es darum jedes Medium mit seinen individuellen Stärken einzusetzen. Häufig werden im lokalen Markt auch von Seiten der Medienvermarkter Pakete angeboten, die es einfacher machen sollen, eine gelungene Kombination beispielsweise aus einer Radio- und Zeitungskampagne herzustellen.

Beispielhaft wird hier eine Kampagne des Baumarkts „Praktiker" dargestellt, die sowohl in der Tageszeitung als auch im Internet in Augsburg zum Einsatz kam. Dabei konnte die Kampagne in den Medien der „Augsburger Allgemeinen" sehr viele Kunden mobilisieren und zu einem spürbar veränderten Kaufverhalten führen. Viele Kunden aus der Peripherie, die bei einer reinen Streukreisoptimierung nicht berücksichtigt worden wären, kamen durch diese Kampagne ins Zentrum zum Baumarkt „Praktiker".

**Der neue Media-Mix zieht Kunden vom Zentrum zu Praktiker in die Peripherie:**

**Steuerung der Kundenströme durch gezielten Werbeeinsatz**
*(Quelle: ZMG (2010): Zeitungsqualitäten 2010, S. 81)*

Neben Sonderwerbeformen, häufig besonders auffällige Anzeigen, die in der Blattmitte oder in fremder Anzeigenumgebung (beispielsweise im Rubrikanzeigenteil) platziert sind, kommt der gezielten Aufmerksamkeitssteigerung durch Sonderaktionen eine besondere Bedeutung zu. Es geht nicht nur um ein Buchen von Werbung nach dem Standard der Preisliste, sondern darum individuelle Kommunikationslösungen zu suchen.

Das setzt natürlich nicht nur bei den Medienpartnern voraus, dass man sich intensiv mit den Werbe- und Kommunikationsmöglichkeiten auseinandersetzt, sondern auch auf Kundenseite muss man sich in diese Thematik einarbeiten. Im Lokalgeschäft sind nach wie vor die Sonderveröffentlichungen, v.a. bei Aktionen einzelner Gewerbevereine und Werbegemeinschaften ein beliebtes und bewährtes Medium. Auch hier lassen sich durch gezielte Verknüpfung von Ressourcen im Bereich der Presse- und Medienarbeit darüber hinausgehende Lösungen finden, die für alle Beteiligten einen stärkeren Kommunikationseffekt ermöglichen. Hier ist es entscheidend, dass auch die jeweiligen Partner ein gutes Zusammenspiel praktizieren.

Die Agentur ist im lokalen häufig Media- und Kreativagentur in einem und berät den Kunden bei Konzeption, Einkauf der Medialeistung und Erfolgskontrolle und nimmt gleichzeitig die Gestaltung und Umsetzung der Kampagne vor. Als Mittler ist die Agentur dem Kunden verpflichtet und stellt das Bindeglied zu den Vermarktern auf Medienseite dar, die entweder ein einzelnes Medium (z.B. nur die Tageszeitung) oder ein ganzes Portfolio an lokalen Medien (z.B. Hörfunk, Zeitung, Anzeigenblatt, Direktverteilung und Online-Angebote) vermarkten.

# Kapitel 3:

# Neue Trends für die lokale Werbung

Lokale Werbung war traditionell an lokale Medien gebunden. Durch lokales Targeting in Online- und mobilen Medien wurden die Kommunikationsstrukturen sowie die geografischen Marktdimensionen erweitert. Mit der Kombination aus standortbezogenen mobilen Angeboten, Social Media (insbesondere Communities) und den lokalen Targeting- und Belegungsmöglichkeiten sind lokale multi- und crossmediale Kampagnen möglich.

## 3.1 Kommunikation und Kundenorientierung im lokalen Endkundengeschäft

Bei der Untersuchung der Kommunikation in lokalen Märkten ist deren Struktur entscheidend. Gliedert man typische Geschäftsvorfälle in die drei Kategorien „Freizeit", „Einkauf", „Leben" und prüft, in welcher Entfernung vom Wohnort sich diese Geschäfte durchschnittlich bewegen, so erhält man einen guten Einstieg in die Überlegungen, wie sich die lokalen Märkte im Bereich der Endverbraucher strukturieren.[15] Aus dem lokalen Bezug vieler Waren und vor allem Dienstleistungen hat man früher die Schlussfolgerung gezogen, dass es die

---

[15] vgl. Newspaper Society (2004), S. 21

Werbekommunikation vorwiegend mit lokalen und regionalen Medien erfolgen muss. Die Media-Auswahl konzentrierte sich auf Direktverteilung von Prospekten, Anzeigenblättern, Tageszeitungen und lokalen Hörfunk, bzw. – wo vorhanden – lokales TV.

Das Direktmarketing, insbesondere der Versand von adressierten Werbebriefen, ist durch die erhöhte Leistungsfähigkeit elektronischer Datenbanken um den Ansatz zum Customer-Relationship-Management (CRM) in den vergangenen zwanzig Jahren stabil gewachsen. Mit Kundenkarten und Bonussystemen wurde das System der datengestützten Kundenkommunikation ausgebaut und mit Hilfe von Partnern (z.B. nationalen Kartensystemanbietern oder lokalen/regionalen Zeitungsverlagen) auch im lokalen Markt umgesetzt.

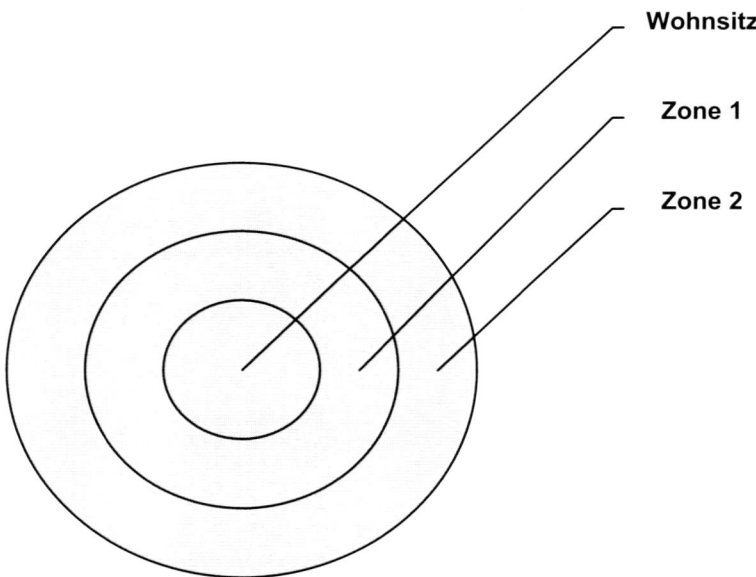

| Zone 1 (5-10 km): | Lebensmittel, klene Elektrogeräte, Baumarkt |
|---|---|
| Zone 2 (10-15 km): | große Elektrogeräte, Teppiche, Kleidung, |

**Themen aus Kundensicht und deren relevanter Radius**
*(Quelle: eifgene Darstellung; Südkurier, Konstanz o.J., Modell siehe Fußnote Newspaper Societiy)*

Eine Expertenbefragung unter Führungskräften der deutschen Zeitungsverlage im Jahr 2010 zeigt, dass sich in lokalen Märkten die Kombination aus Kundendaten und klassischen Mediainformationen zu wirkungsvollen neuen Modellen kombinieren lassen. Über achtzig Prozent der Führungskräfte gehen davon aus, dass sich mit Hilfe von Kundenkartenangeboten Informationen über regionale Märkte generieren lassen.[16]

## 3. 2 Alles wird anders? Social Media und Location Based Services (LBS)

Der stärkste, zu Jahresbeginn 2011 erst teilweise vollzogene Umstellung im Bereich der Werbekommunikation in lokalen Märkten ist im Bereich der Einbeziehung der Social Media-Plattformen des Internet zu sehen. Wer die Wachstumsraten von Facebook anschaut muss sich mit Kommunikationskanälen dieser Art auseinandersetzen. Das früher noch nicht einmal bekanntes Bedürfnis, sich mit „Freunden" (d.h. von realen Freunden bis zu losen Bekannten, entfernten Verwandten) zu vernetzen und diese an den eigenen Meinungen über den Alltag teilhaben zu lassen, wird durch einige Plattformen im deutschen Markt abgedeckt und von den Kunden nachgefragt.

Die Kriterien, die bei der Selektion von klassischen Werbeträgern im Bereich der lokalen Werbung üblich waren, lassen sich auch auf den Bereich Social Media übertragen. Eine Studie von „Bulletproof Media" zeigt zum Jahresende 2010, dass nicht nur die Werbekunden der überregionalen Werbeträger jeweils zu rund 50 Prozent in eigene Social Marketing-Aktionen investieren, sondern auch bei den lokalen Medien (lokale Tageszeitung und Radio) rund die Hälfte der Werbekunden diese Medien in Betracht ziehen. Die bevorzugte Plattform der Werbekunden ist im Spätsommer 2010 Facebook.[17]

Der Vorteil der Unternehmenskommunikation auf Basis von Social Media liegt im Potenzial der Netzeffekte in Verbindung mit den Vorteilen des user-generated-content. Die Verankerung von Botschaften im eigenen persönlichen virtuellen oder realen Netzwerk schafft Relevanz (Was interessiert meine Freunde und Bekannten?), Glaubwürdigkeit

---

[16] vgl. Breyer-Mayländer /Dietrich (2010), S. 8
[17] vgl. Hoffmeister (2010)

(Für welche Themen stehen diese mit ihrem Namen ein?) und Aktivierung (Wozu werde ich aufgefordert?) und entspricht damit den klassischen Qualitätsdimensionen des lokalen Mediamix.[18]

## Mobile Internetnutzung ermöglicht auch mobile Nutzung der Plattformen

Die Zunahme der mobilen Endgeräte (Handys, die als Smartphones internetfähig sind und Tablet-PCs wie das „iPad" von Apple) im Endkunden-Markt hat zu neuen Perspektiven und Möglichkeiten des mobilen Marketings geführt. Im Jahr 2010 haben sich 16 Prozent der Internetnutzer via Handy im Netz eingewählt[19], womit das mobile Internet eine Zuwachsrate von 78 Prozent verzeichnen konnte.

Gerade die junge und aktive Zielgruppe dominiert diesen Bereich. Die Altersgruppe von 25-34 ist beim mobilen Internet dominierend. Mobile Nutzer differenzieren immer weniger zwischen mobilem und sonstigem Internet.[20] Besonders gefragt sind Inhalte mit lokalem Bezug (z.B. lokale Suche) und Echtzeitpotenzial (nützliche Infos).

Eine Prognose geht davon aus, dass im Jahr 2014 bereits 40,8 Mio. Deutsche über mobile Endgeräte ins Internet gehen werden[21]. Das bedeutet auch für den Handel und für die Gastronomie, dass die bislang zu Hause recherchierten Informationen über Produkte, Preise und Aktionen nun unmittelbar beim Stadtbummel verfügbar sind. Die aus Kundensicht gewünschte „Transparenz", die dadurch scheinbar entsteht, kann zu einem neuen Konzentrationsprozess im Handel und zu steigenden Erwartungen auf Kundenseite führen.

### Spezielle Dienste für lokale Kunden: LBS

Die sogenannten Location Based Services (LBS), die alle Dienste umfassen, die „abhängig von Kontext und Position (= spezieller Kontext) iner Entität einem (Dienst-)Benutzer eine (Dienst-)Leistung erbringen".[22]

---

[18] vgl. ZMG (2010)
[19] Statistisches Bundesamt (2011)
[20] TNS Infratest (2010), S. 18
[21] PWC (2010), S. 34
[22] vgl. Hillebrand (2008), 17

60

**Location Based Information**

Hier geht es um Informationen, die beispielsweise geografischen oder zeitliche Orientierung bieten. Wo finde ich das nächste Kino? Wann beginnt die nächste Vorstellung? etc.

**Location Based Community**

Hier dominiert die Information über lokal aktive Freunde und Bekannte und die damit verbundene Kommunikation als wesentlicher Teil der Social Media-Dienste. Mit wem kann ich mich jetzt spontan zum Kinobesuch verabreden?

**Location Based Transaction**

Der Kauf von Kinotickets oder Fahrkarten ist hier unter Gesichtspunkten des lokalen Marketings genauso relevant, wie die Nutzung eines QR-Codes auf unterschiedlichen Formen der lokalen Print- und Außenwerbung indem per Handy-Kamera der Code gescannt und die Transaktion eingeleitet wird.

**Location Based Couponing**

Aktionen, die eine erste Verknüpfung zwischen Prospekten und dem mobile Business darstellen. Zeitlich differenzierte lokal ausgesteuert e Rabattaktionen, sind im Sinne der Auslastung des Handels sicherlich ein Ziel für künftige Formen des lokalen Marketings, die auch die Erfahrungen aus dem Kundenkartenmanagement mit einschließen.

**Systematik der Location Based Services**
*(Quelle: Abwandlung der Modellierung der Deutschen Telekom AG, vgl. Schwaiger (2008))*

Integriertes LBS und Social Media in lokalen Märkten
Die „GO-SMART"-Studie, die von so unterschiedlichen Partnern wie
dem Versandhandelsunternehmen „Otto" und dem Internetgiganten
„Google" durchgeführt wurde, zeigt, dass lokale Inhalte, Location Based
Services und Social Media für den Smart Phone Nutzer sich zu einer
neuen permanenten Nutzungssituation vereinen.[23] Aus der Situation der
User "always on" zu sein entsteht das **Lebensgefühl "always in
touch"**, d.h. immer in Kontakt zu bleiben.

Für einen Werbetreibenden im lokalen Geschäft gibt es daher
mittlerweile eine Vielzahl von Kanälen, mit denen er seine Zielgruppe
erreichen kann. Die Möglichkeit, Rabattaktionen über so genannte
„Couponing-Anbieter" über das mobile Internet anzubieten, wird
sicherlich in den nächsten Jahren vor allem dann interessant sein, wenn
es darum geht, junge Zielgruppen anzusprechen.

In Verbindung mit den Kerneigenschaften von Social Media erreichen
Location Based Services vorteilhafte Werbeträgereigenschaften in den
Bereichen Glaubwürdigkeit, Aktivierung, Funktionsumfang, Aktualität,
Schnelligkeit und Service.

---

[23] TNS Infratest (2010), S. 12ff.

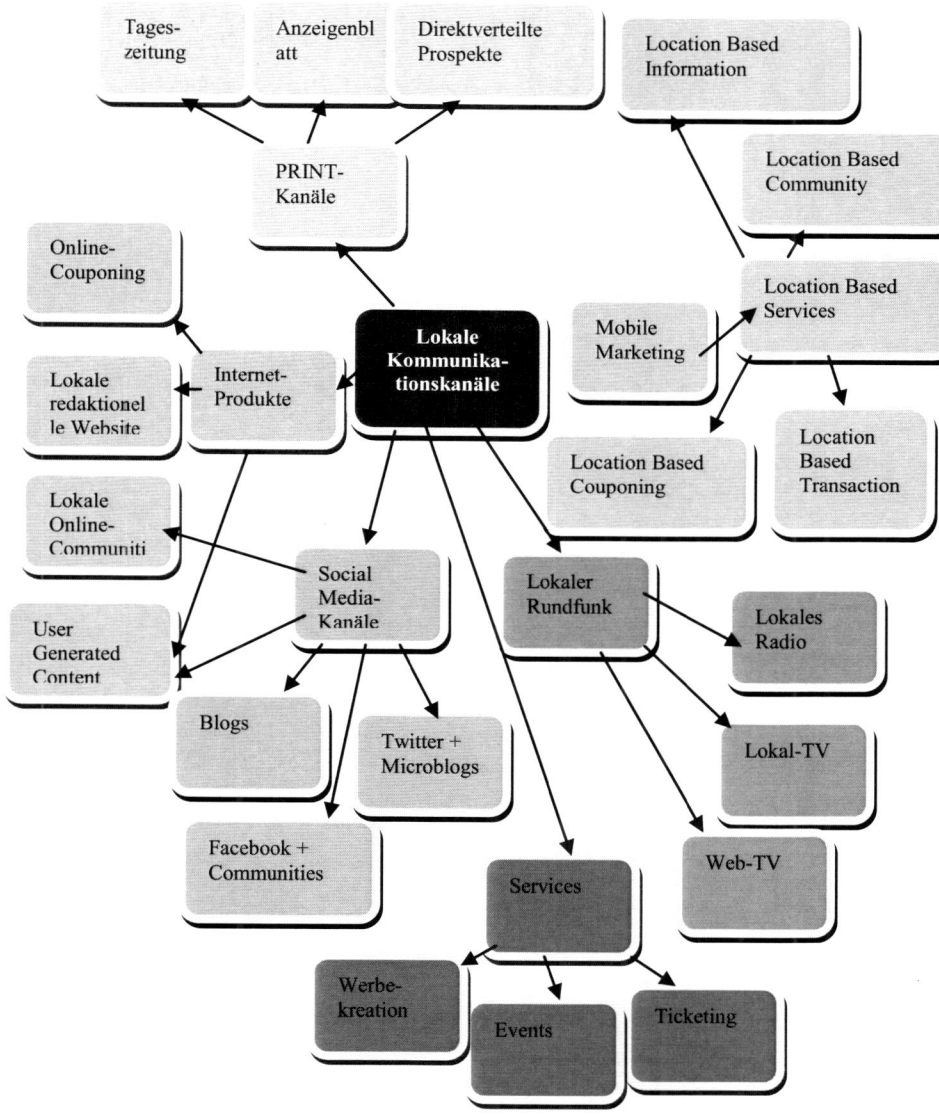

**Crossmedia-Kanäle für die lokale Kommunikation**
*(Quelle: eigene Darstellung)*

# Kapitel 4:

# Einkaufsverhalten und Erwartungen an die Aktionen und Regelungen von Werbegemeinschaften

Was erwarten die Kunden für Regelungen und Aktionen von Werbegemeinschaften? Wir werden in diesem Kapitel einige erfolgreiche Beispiele für Aktionen von Werbegemeinschaften, Handels- und Gewerbevereinen darstellen. Dennoch darf nicht vergessen werden, dass der Erfolg der Vereine auch davon abhängt, ob sie in der Lage sind, die Dinge zu regeln, die besonders dringlich erscheinen.

Wir veröffentlichen daher aktuelle Kernwerte aus unserer Fallstudie „Einkaufen in Südbaden"[24]. Im Rahmen einer Kooperation zwischen Hochschule Offenburg, Einzehandelsverband Südbaden und Badischer Zeitung wurden im Frühjahr 2011 die Nutzer des Online-Angebots der Badischen Zeitung über ihre Einkaufsgewohnheiten befragt. Dabei konnten 470 vollständige und verwertbare Antworten erzielt werden, die die Basis für die nachfolgende Auswertung darstellen. Der Großteil der Antwortenden stammt nach der Analyse der zugehörigen Postleitzahlen aus Freiburg bzw. dem direkten Umfeld.

---

[24] Breyer-Mayländer, T./Löffel, M. (2011)

## 4.1 Welche Produkte werden an den einzelnen Wochentagen eingekauft?

Der Samstag ist der Einkaufstag Nummer 1 in Südbaden, wie in der restlichen Bundesrepublik. Dieser Tag als Einkaufstag bei allen Produktkategorien (Lebensmittel, Bekleidung/Schuhe, Körperpflege, Möbel, Elektrogeräte). Besonders stark ist jedoch bei Elektroartikeln, Bekleidung/Schuhe und Lebensmitteln der Samstag als Einkaufstag gefragt.

Interessant ist für das praktische Marketing die Analyse der schlechtesten Einkaufstage in Abhängigkeit vom Kaufgegenstand, so liegt bei Lebensmitteln der Mittwoch auf dem letzten Rang, während das bei Bekleidung/Schuhe knapp den Dienstag trifft. Bei Körperpflege-produkten ist es auch der Mittwoch, während Möbel sowohl Dienstag als auch Mittwoch sehr schwache Tage haben. Bei Elektrogeräten liegt der Kauf meist schon zu lange zurück um noch ein präzises Erinnern der Zielgrppe zu ermöglichen. Schwache Tage sind hier Dienstag und Donnerstag.

Rund die Hälfte der Befragten nutzt nur selten den Kauf per Katalog. So dass lediglich rund 17% aktive Katalogkäufer verbleiben. Mit knapp 6% ist der aktive Anteil der Tankstellenkunden recht gering, während rund die Hälfte der Antwortenden Einkaufszentren in der Innenstadt von Freiburg nutzt. Besonders beeindruckend sind jedoch die Zahlen der Einkaufszentren im Umland, die auf der „grünen Wiese", z.B. im Lebensmittelsektor relevant sind und die von 75% der Antwortenden genutzt werden. Knapp 47% gehen zum Einkaufen in die Innenstadt. Die Nahversorgung durch Geschäfte im Wohngebiet ist trotz der hohen Werte für Einkaufszentren in der Innenstadt, „grüne Wiese" und Einzelhandelsgeschäfte in der Innenstadt für mehr als 50% hoch relevant. Allgemeine Bringdienste spielen mit rund 5% Verbreitung keine große Rolle, während der Online-Handel mit mehr als 50% ein deutliches Gewicht besitzt.

Selbst im grünen Freiburg sind 60% der Einkäufe eine Angelegenheit für das private Auto. Dabei starten die meisten Kaufvorgänge zu Hause (über 70%) oder mit weit geringerer Bedeutung auf dem Weg von oder zur Arbeit.

## 4.2 Verlässliche und passende Öffnungszeiten statt Aktionen?

Während Aktionen, Freizeitmöglichkeiten und Kinderspielmöglichkeiten am Einkaufsort als nachrangig eingestuft werden, spielen die Öffnungszeiten – die in vielen Fällen seit Jahren Gegenstand der internen Abstimmung der Handelsorganisationen in den Einkaufsstätten sind – eine ganz zentrale Rolle. Ein weiterer wichtiger Punkt sind die Parkmöglichkeiten vor Ort.

In den Geschäften selbst sind es vor allem das Warenangebot und das Preis-Leistungs-Verhältnis, das die Befragten als wichtig erachten. Restaurants, Cafés, Treffpunkte für Freunde und Bekannte, Dienstleister, wie Ärzte etc. sind hingegen kein zentrales Kriterium für die Auswahl eines Einkaufsorts. Das gesamte Einkaufsambiente der Stadt hingegen wird zumindest von einem Drittel der Antwortenden als wichtig erachtet. Bei den freien Nennungen wichtiger Faktoren spielen Bioprodukte, regionale Produkte und die Produktqualität eine Rolle.

Diese Kriterien spiegeln sich auch bei den geforderten Aktionen der Heimatgemeinde wieder, die zu einer Steigerung der Einkäufe am Samstag beitragen können. *Öffnungszeiten, Warenangebot* und *Preis* sind hier die *Schlüsselfaktoren*.

## 4.3 Einkaufs- und Informationsverhalten nach Branchen

Hier ist insbesondere bei der Auswertung der Informationsquellen zu berücksichtigen, dass dies ein Spiegelbild der von den Geschäften eingesetzten Kommunikationskanäle darstellt. Während das Geschäft in allen Branchensegmenten als Werbemittel zur Verfügung steht, sind die unterschiedlichen Werbemittel bei einigen Branchensegmenten auch kaum im Einsatz und können daher von Seiten der Verbraucher auch nicht als gelerntes Werbemittel genutzt werden.

## Lebensmittel
Ranking der relevanten Kriterien für die Auswahl eines Geschäfts:
1. Geografische Nähe zu Wohnung/Arbeitsstätte    54%
2. Warenauswahl    46%
3. Warenqualität    40%
4. Leichte Erreichbarkeit (Auto, ÖPNV)    39%
5. Kann die Einkäufe schnell erledigen    37%
6. Kundenfreundliche Öffnungszeiten    35%
7. Größe des Parkplatzangebots    31%
8. Angenehme Einkaufsatmosphäre    30%
9. Niedriges Preisniveau    29%
10. Bestimmte Produkte oder Marken    23%
11. Sauberkeit, Sicherheit    23%
12. Freundliches Personal    22%
13. Kundenkarte    6%
14. Zusatzservice    5%

74% der Einkäufe erfolgen in der Entfernung von bis zu 10 Minuten. Außerhalb des Geschäfts sind vor allem Prospekte und Zeitungsanzeigen als Informationsquellen relevant.

## Bekleidung
Ranking der relevanten Kriterien für die Auswahl eines Geschäfts:
1. Warenauswahl    37%
2. Bestimmte Produkte oder Marken    35%
3. Angenehme Einkaufsatmosphäre    32%
4. Warenqualität    26%
5. Freundliches Personal    19%
6. Kundenfreundliche Öffnungszeiten    18%
7. Niedriges Preisniveau    17%
8. Leichte Erreichbarkeit (Auto, ÖPNV)    15%
9. Kann die Einkäufe schnell erledigen    13%
10. Geografische Nähe zu Wohnung/Arbeitsstätte    13%
11. Kundenkarte    10%
12. Sauberkeit, Sicherheit    9%
13. Größe des Parkplatzangebots    8%
14. Zusatzservice    5%

78% der Einkäufe finden in einem Radius von 30 Minuten statt. Bei Bekleidung ist das Geschäft und dann die Information im Internet von hoher Relevanz und liegt in der Bedeutung klar vor Prospektwerbung.

**Elektronik** (Kauf eines TV-Geräts)
Ranking der relevanten Kriterien für die Auswahl eines Geschäfts:

1. Warenauswahl                                        45%
2. Niedriges Preisniveau                               33%
3. Leichte Erreichbarkeit (Auto, ÖPNV)                 23%
4. Kundenfreundliche Öffnungszeiten                    20%
5. Freundliches Personal                               19%
6. Warenqualität                                       18%
7. Geografische Nähe zu Wohnung/Arbeitsstätte          17%
8. Zusatzservice                                       17%
9. Größe des Parkplatzangebots                         16%
10. Bestimmte Produkte oder Marken                     16%
11. Angenehme Einkaufsatmosphäre                       13%
12. Kann die Einkäufe schnell erledigen                 9%
13. Sauberkeit, Sicherheit                              5%
14. Kundenkarte                                         1%

77% der Einkäufe finden in einem Umkreis von 25 Minuten statt

## Welche Informationsquellen werden für den Einkauf genutzt?

Bei Elektronikgeräten dominiert eindeutig das Internet als Informationsquelle vor dem Geschäft und Prospektwerbung.
Bei Möbeln dominiert das Geschäft vor dem Internet und den Prospekten als Informationsquelle.
Bei Sport/Freizeit-Produkten spielt neben dem Geschäft das Internet eine große Rolle, wobei sehr viele Befragte keine Angabe zu den Informationsquellen machen.
Bei Büchern/Schreibwaren dominiert das Geschäft in sehr starker Form vor Informationen im Internet (v.a. für Bücher relevant).
Bei Drogeriemärkten hängt die Information in erster Linie vom Geschäft als Kommunikationsmittel ab, darüber hinaus spielt noch die Prospektwerbung mit 15% eine gewichtige Rolle.
Bei Schuhen/Lederwaren ist das Ladengeschäft ebenfalls deutlich dominierend. An zweiter Stelle spielt hier das Internet als Informationsquelle eine Rolle.
Bei Heimwerkerbedarf und Garten spielt nach dem Geschäft der Prospekt die zweitwichtigste Rolle, wobei das Internet hier mit 12% ebenfalls bereits relevant ist.
Im Segment Schmuck/Uhren/Brillen ist die Kommunikation vom Geschäft und den Infos im Internet abhängig.

# Kapitel 5:

# Aktionen von Werbegemeinschaften und Handels- und Gewerbevereinen

Wer sich in der Praxis mit Marketingaktionen von Werbegemeinschaften, Stadtmarketingorganisationen oder Handels- und
Gewerbevereinen befasst, kennt die Situation, dass oftmals ein akuter
Mangel an neuen Ideen für die eigene Stadt besteht. Daher ist es
naheliegend, die im Internet dokumentierten bundesweiten Aktionen zu
katalogisieren und damit einen Überblick über die bereits erfolgreich
durchgeführten Projekte zu geben.

Die folgende Darstellung orientiert sich an einer internen Studie der
Hochschule Offenburg unter Mitwirkung von Sophia Christoph und
Raphaela Krumhard[25] und liefert einen kurzgefassten Überblick über
Marketingaktionen von Handels-, Gewerbevereinen, Werbege-
meinschaften und Aktionsbündnissen für Stadtmarketing aus ganz
Deutschland. Dabei werden die Aktionen nach Jahreszeit gegliedert, so
dass eine umfassende Ideensammlung für die Praxis entsteht.

Dabei zeigt eine Analyse der in Deutschland durchgeführten Aktionen
des Stadt- und Handelsmarketings, dass wir durchaus eine Reihe von
Veranstaltungen haben, die mittlerweile eher wie bei TV-Sendungen als
Veranstaltungs-"Formate" zu sehen sind. So startete die Idee des
vorweihnachtlichen "Adventskalenders", d.h. der inszenierten
Vorstellung eine neuen "Kalenderbildes" im historischen Stadtkern von
Gengenbach. Die Idee jedoch hat inzwischen eine ganze Reihe von
Nachahmungen, Adaptionen und Verfremdungen erfahren.

---

[25] Breyer-Mayländer/Christoph/Krumhard (2010)

Diese Zusammenstellung soll Anregungen geben, welche Ideen derzeit in Deutschland in unterschiedlichsten Städten umgesetzt werden. Es ist keine analytische Zusammenstellung, die einen Anspruch auf Vollständigkeit erhebt, sondern eine schlaglichtartige Momentaufnahme. Wir sind über die Zusendung von weiteren Aktionen und Anregungen unter breyer-maylaender@hs-offenburg.de dankbar und werden diese Arbeit weiter fortsetzen.

Unter

http://www.institut-kommunikation-management.de/stadtmarketingaktion.html

ist eine Tabelle abrufbar, die einen Überblick über die einzelnen Aktionen gibt, die in diesem Kapitel noch genauer beschrieben werden. Dabei wurden auch Großevents ausgewählt, die nicht unter dem Gesichtspunkt der Innenstadtbelebung durchgeführt werden. Gerade solche Großveranstaltungen haben jedoch für die Wertigkeit der ausrichtenden Stadt, den Tourismus einen positiven Effekt und schaffen damit auch wiederum indirekt einen Bezug zur Kaufkraft vor Ort.Darüberhinaus wurden einige Aktionen von größeren Shopping-Malls aufgenommen, bei denen das Center-Management die Aktionen mit den jeweiligen Shopbetreibern abstimmt. Auch diese Aktionen können als Ideenquelle für eigene Veranstaltungen herangezogen werden.

Aktualisierungen und Online-Verweise finden Sie unter www.kommunikation-management.de.

# Frühjahr

## 1. Münchner Faschingsumzug „Damische Ritter"

**Zeitpunkt:** Januar - März
**Thema:** Fasching

**Beschreibung:**
Belebung der Innenstadt während der Münchner Faschingssaison durch den
Faschingszug der „Damischen Ritter" (Start: Odeonsplatz; Ende:
Stiglmaierplatz); zum närrischen Ausklang trifft man sich anschließend auf der
großen Faschingsparty im Löwenbräukeller (Eintritt frei).

**Kontakt:** Tourismusamt München, Tel.: 089/23396500, Fax: 089/23330233
tourismus@muenchen.de, www.muenchen-tourist.de, www.damischeritter.de

## 2. Green Festival Kehl

**Zeitpunkt:** März
**Thema:** Green Festival – Umweltmesse/Familienwochenende

**Beschreibung:**
Im Rahmen der Umweltmesse Kehl fand im Jahr 2010 erstmals das Green
Festival statt. Dabei geht es um ein Wochenend-Familienfest mit Ständen und
Infos rund um die Themen Umwelt, Regionalität und Nachhaltigkeit, aber auch
Vorstellungen sowie Theater, Musik oder Artistik, das mit einem verkaufsoffenen
Sonntag in der Innenstadt verbunden war.

**Kontakt:** Marketing GmbH, Herrn Gernot Prange, Pappenheimer Straße 4,
87730 Bad Grönenbach
Tel.: 08334/9882715, prange.gernot@messe.ag

## 3. Internationales Musikfestival "Heidelberger Frühling"

**Zeitpunkt:** März - April
**Thema:** Musikfestival

**Beschreibung:**
Was anlässlich der 800-Jahrfeier der Stadt 1996 als lokales Ereignis begann, hat sich innerhalb von zehn Jahren zu einem der »spannendsten und innovativsten Musikfestivals in Deutschland« entwickelt (Mainzer Allgemeine Zeitung). Veranstaltung großer festlicher Konzerte mit internationalen Künstlern. Träger des Festivals ist die Stadt Heidelberg, die mit der Übernahme der Personal-, Miet- und Sachkosten eine sichere Basis für die Arbeit des Festivalteams bereitstellt. Darüber hinaus wird der gesamte Programmbereich und die Werbung aus dem Verkauf von Eintrittskarten, Sponsoring und Spenden finanziert. Damit nimmt der Heidelberger Frühling eine Sonderstellung ein, denn kaum ein anderes Festival in Deutschland mit einem so hohen Programmanteil zeitgenössischer Musik erwirtschaftet gut zwei Drittel seiner Finanzmittel selbst. Einzigartig ist dabei der Freundeskreis Heidelberger Frühling e.V., in dem sich private Förderer und Unternehmen zusammengeschlossen haben, um das Festival zu unterstützen.

**Kontakt:** Internationales Musikfestival, Heidelberger Frühling gGmbH, Geschäftsführender Intendant: Thorsten Schmidt, Geschäftsführer: Friedrich Rinne, Friedrich-Ebert-Anlage 27, D-69117 Heidelberg
Tel.: 06221/5840000 Fax: 06221/584640049 heidelberger-fruehling@heidelberg.de,
www.heidelberger-fruehling.de


## 4. Oster-Rallye und Schaufensterbemalen

**Zeitpunkt:** März/April
**Thema:** Osteraktion, Ingolstadt

**Beschreibung:**
Osterrallye durch den Ort mit einem Gewinnspiel, das sich mit einer Bemalaktion verbindet, bei der Kinder Schaufenster mit Farbe gestalten dürfen. Die Aktion wurde in Zusammenarbeit mit der örtlichen Feuerwehr durchgeführt, die auch die Verlosung vornahm.

**Kontakt:** IN-City e.V., Mauthstr. 6 ½, 85049 Ingolstadt, hellwig@in-city.de, Tel.: 0841/936620,
Fax: 0841/93 66 22

## 5. Größtes Osternest im Allgäu

**Zeitpunkt:** Ostern
**Thema:** Das größte Osternest im Allgäu auf dem Kirchplatz St. Martin

**Beschreibung:**
Das große Osternest wird am Ostersamstag auf dem Kirchplatz aufgebaut und die Kinder können im Stroh nach Ostereiern suchen. Jedes Ei nimmt an einer Verlosun teil und die Aktion wird mit einem Streichelzoo des Tierzuchtvereins kombiniert.

**Kontakt:** Aktionsgemeinschaft Kaufbeuren, Tel.: 08341/40344, goldschmied-friedrich@t-online.de

## 6. Oster- und Kunsthandwerkermarkt

**Zeitpunkt:** Ostern/ Frühjahr
**Thema:** Osteraktion: Kunsthandwerkermarkt, Wiesbaden

**Beschreibung:**
In der Fußgängerzone des Stadtzentrums wird ein Kunsthandwerkermarkt veranstaltet, der speziell auch für die Ostertage Geschenk- und Dekoideen arbietet. Ein buntes Rahmenprogramm sieht Auftritte des Osterhasen, Spiele für Kinder Musik und Straßentheater vor. Traditionell wird an diesem Wochenende ein Weinverkauf in Zusammenarbeit mit der Fachhochschule Geisenheim durchgeführt. Ein verkaufsoffener Sonntag rundet den Wiesbadener Ostermarkt ab. Öffnungszeiten: 13 bis 18 Uhr.

**Kontakt:** Wiesbaden Marketing GmbH, Wilhelmstraße 46, 65183 Wiesbade, Tel.: 0611/312499, Fax: 0611/313935, maerkteundevents@wiesbaden-marketing.de

## 7. Darmstädter Frühling

**Zeitpunkt:** Frühling
**Thema:** Frühlingsfest mit verkaufsoffenem Sonntag, Darmstadt

**Beschreibung:**
Verkaufsoffener Sonntag mit Familienprogramm von 13 bis 19 Uhr in Darmstadt. Fahrradausstellung als Einstimmung für die Outdoor-Saison. Kinderspiele auf der „Spielstraße" und Musikband als Programmbeiträge.
**Kontakt:** Darmstadt Citymarketing e.V., www.darmstadt-citymarketing.de, Im Carree 1 (3.OG), 64283 Darmstadt, Tel.: 06151/134520, Fax: 06151/134529, citymarketing@darmstadt.de

## 8. Osterkrämermarkt

**Zeitpunkt:** Ostern/Frühjahr
**Thema:** Osterkrämermarkt, Kehl

**Beschreibung:**
Bauernmarkt mit Künstlern und Artisten in der Kehler Innenstadt.

**Kontakt:** Kehl Marketing GmbH, Herrn Michael Jöst, Großherzog-Friedrich-Straße 19, Tel.: 07851/88-1522, m.joest@marketing.kehl.de


## 9. Frühlingsfest - Jahrmarkt

**Zeitpunkt:** Frühling
**Thema:** Frühlingsfest, Jahrmarkt, Volksfest

**Beschreibung:**
Volksfeste unterschiedlicher Größenordung werden von einer Reihe von Kommunen und Werbegemeinschaften veranstaltet. Beispielhaft ist hier die Veranstaltung der Stadt Wiesbaden aufgeführt.

**Kontakt:**
Wiesbaden Marketing GmbH, Wilhelmstraße 46, 65183 Wiesbaden, Tel.: 0611/312499, Fax: 0611/313935, maerkteundevents@wiesbaden-marketing.de


## 10. Esslinger Frühling mit verkaufsoffenem Sonntag

**Zeitpunkt:** Frühling
**Thema:** Frühlingsfest – Gartenmärkte, verkaufsoffener Sonntag

**Beschreibung:**
Eine Kombination aus individuellem Einkaufserlebnis mit zahlreichen inhabergeführten Fachgeschäften, verschiedenen Gartenmärkten in der östlichen Altstadt mit überregionalem Bekanntheitsgrad, inszenierte Showgärten an markanten Plätzen - abgerundet durch ein themenspezifisches Rahmenprogramm - lädt die ganze Familie zu einem abwechslungsreichen und vielfältigen Erlebniswochenende ein.
Elemente sind: Verkaufsoffener Sonntag, Gartenausstellung, Entenrennen, Fahrradausstellung, Autoshow wird zu einer Frühlings-Großveranstaltung kombiniert.

**Kontakt:** City Initiative Esslingen, Am Marktplatz 4/1, 73728 Esslingen a. N., Tel.: 0711/39693-950, Fax: -966, info@cityinitiative-esslingen.de, www.cityesslingen.de

**Variationen:**
**a) Modenschau**, lebende Schaufensterpuppen, Schaukettensägerschnitzer (Fürth)

**Kontakt:** Vision Fürth e.V., Bahnhofplatz 2, 90762 Fürth, Tel.: 0911/9794670, Fax: 0911/9794675, info@vision-fuerth.de

**b) Blumenausstellung** „Memmingen blüht"
**Bewertung:** Mit der Anschaffung einheitlicher Pflanzkübel wurde ein Beitrag zu einer klaren Linie in der Gestaltung des Öffentlichen Raumes geleistet, der zugleich Spielraum für eigene Kreativität lässt.
Erfolgsfaktoren:
- „Roter Faden" in der Stadtgestaltung
- Weiterführung der Inszenierung im Rahmen der Veranstaltung „Memmingen blüht"

**Sonstiges:** Die Organisation des Familieneinkaufstages erfolgt unter Regie der Werbegemeinschaft in enger Abstimmung und Zusammenarbeit mit den Gewerbetreibenden in der Innenstadt.

**Kontakt:** Kerstin Uliana, Donaustrasse 14, 87700 Memmingen, Tel.: 08331/109-190, Fax: 08331/109-102, info@werbegemeinschaft-mm.de

**c) Straubinger Frühling**

**Kontakt:** Stadt Straubing, Postfach 0352, 94303 StraubingTel. 0 94 21/944-0, Fax 0 94 21/944100,
http://www.straubing.de/, poststelle@straubing.de

**d) Schweinfurt@Night**, Mitternachtsshopping in der Innenstadt mit Musik und Kultur

**Kontakt:** Stadt Schweinfurt: Pressestelle, pressestelle@schweinfurt.de

**e) Verkaufsoffene Sonntage in Mainz und Koblenz** (mit gestalteten Ostergärten)

**Kontakt:** Mainz City Management e.V., Schillerplatz 7, 55116 Mainz, Tel.: 06131/2621900,
Fax: 06131/2621901, info@mainz-citymanagement.de

**Kontakt:** Nicole Volmer, City Managerin, Koblenz-Stadtmarketing GmbH, Bahnhofplatz 7, 56068 Koblenz,
Tel.: 0261/3038836, Fax: 0261/3038811, info@koblenz-stadtmarketing.de

## 11. Mittelalterspektaculum im Slawendorf

**Zeitpunkt:** Frühling
**Thema:** Mittelalterfest

**Beschreibung:**
Das Mittelalterspectaculum verbindet Showelemente (Musik, Theater) mit historischer Bewirtung

**Kontakt:** Die Altstädter e.V., Bäckerstraße 14, 14770 Brandenburg an der Havel, Tel. 03381/269114, kontakt@die-altstaedter.de, /www.die-altstaedter.de

## 12. Heidelberger Stückemarkt, Festival Leselust und andere Literaturformate

**Zeitpunkt:** Mai
**Thema:** Festival der Nachwuchsautoren

**Beschreibung:**
Das wichtigste Förderfestival für neue Dramatik und Autoren.
• „Forum junger Autoren" mit seinem Autorenwettbewerb
• „Uraufführungsfestival" mit den wichtigsten Uraufführungen der Saison
• „Gastlandpräsentation" mit Lesungen und Uraufführungen
• „Forum junge Regie" mit Arbeiten talentierter Nachwuchsregisseure

**Kontakt:**
Stückemarkt. Heidelberg Marketing GmbH, Ziegelhäuser Landstraße 3, 69120 Heidelberg, Tel: 06221/14220, Fax: 06221/142233, info@heidelberg-marketing.de

Festival Leselust Stadt Ansbach, Amt für Kultur und Touristik, Johann-Sebastian-Bach-Platz 1
91522 Ansbach, Tel.: 0981/51243, Fax: 0981/51365, akut@ansbach.de

## 13. Gießener Pfingstregatta

**Zeitpunkt:** Pfingsten
**Thema:** Sportveranstaltung/Ruderregatta

**Beschreibung:**
Ruderregatta in Verbindung mit Außengastronomie, so dass ein typisches Familienfest entstehen kann.
**Kontakt:** Regatta-Verein Giessen e.V., Uferweg 12, 35398 Gießen, Tel.: 0641/85932, info@regattaverein-giessen.de

## 14. Straße der Experimente

**Zeitpunkt:** Mai
**Thema:** Wissenschaftsfestival
**Beschreibung:**
Tag der offenen Tür im im Mathematikum mit Workshops und Kindervorlesungen. Straßenfest und Open Air-Uni.

**Kontakt:** Tourist-Information Gießen, Berliner Platz 2, 35390 Gießen, Tel: 0641/3061890, Fax: 0641/3061899, tourist@giessen.de


## 15. Nauroder Äppelblütefest

**Zeitpunkt:** Mai
**Thema:** Apfelblüte

**Beschreibung:**
Fest rund um das hessische Nationalgetränk. Höhepunkte sind die Präsentation der Blütenkönigin und der Festzug mit Motivwagen, Reitern und Musikzügen. Ansonsten laden die Straußwirtschaften und der Festplatz zu Besuchen ein.

**Kontakt:** Ralph Arnold, Eichenweg 9, 65207 Wiesbaden, mail@nauroder.de


## 16. Das Fest der guten Laune, Bad Neuenahr-Ahrweiler

**Zeitpunkt:** Mai

**Thema:** Bauern- und Winzerfest

**Beschreibung:**
Auf zwei Bühnen werden Musik und Tanzauftritte realisiert, während ein Bauern- und Winzermarkt regionale Produkte als Angebot hat. Handwerker und Künstler stellen aus, eine Spielstraße ist für die Kinder aufgebaut.

**Kontakt:** Werbegemeinschaft Aktivkreis Bad Neuenahr-Ahrweiler e.V., Hauptstraße 98,
53474 Bad Neuenahr-Ahrweiler, Tel.: 02641/207580, Fax: 02641/207580, Gisela Dieringer,
info@rollmann-schuhe.de, www.ahr24.de

## 17. Krempelmarkt in Mainz

**Zeitpunkt:** Mai
**Thema:** Verkauf von Dekoartikeln und Restposten zu Flohmarktpreisen

**Beschreibung:** Mainzer Einzelhändler räumen ihre Keller und Lager und bieten Dekoartikel und Restposten zu Flohmarktpreisen vor ihren Geschäften an. Alle Mainzer Einzelhändler der Innenstadt sind eingeladen, sich an dieser Aktion zu beteiligen. Die Nutzung der Fläche vor den Geschäften ist für diese Veranstaltung nicht genehmigungspflichtig, da sie in Absprache mit der Stadt Mainz erfolgt.

**Sonstiges:** Ein besonderer Service wird von Citymanagement und MVG angeboten. Das Mainz-trifft-sich-Ticket. Fünf Personen können an diesem Tag beliebig oft im Streckennetz der Mainzer Verkehrsgesellschaft fahren.
**Kontakt:** Werbegemeinschaft Mainz e.V., Ludwigsstraße 7, 55116 Mainz, Tel.: 06131/232631, Fax: 06131/238315, info@handelsverbaende-rlp.de, www.werbegemeinschaft-mainz.de


## 18. Fun & Action in der City, Kaiserslautern

**Zeitpunkt:** Mai
**Thema:** Kinderfest an einem Samstag

**Beschreibung:**
Das Kinderfest wird von der Werbegemeinschaft „Kaiser in Lautern" und der Stadt Kaiserslautern gemeinsam veranstaltet. Neben den Mitgliedsunternehmen der Werbegemeinschaft sind zahlreiche Vereine eingebunden.

**Kontakt:** Werbegemeinschaft Kaiserslautern, Fruchthallstr. 14, 67655 Kaiserslautern, Tel.: 0631/3653420, Fax: 0631/3653429, alexhess.events@gmx.de, www.werbegemeinschaft-kl.de

## 19. Ostershopping in Mayen

**Zeitpunkt:** Ostern
**Thema:** Gewinnspiel (Ostereier mit Losfunktion) und Shopping bis 22:00 Uhr an einem Mittwoch

**Beschreibung:**
50 Glückseier, die den Gewinn eines Einkaufsgutscheins enthalten, werden in der Woche vor dem langen Einkaufsabend in den unterschiedlichen Geschäften angeboten.

**Kotakt:** MY - Die Mayener Kaufleute, Geschäftsführer Ulrich Küster, Marktplatz 16, 56727 Mayen, Tel.: 02651/98880, u.kuester@mayener-kaufleute.de, www.mayener-kaufleute.de

## 20. Osteraktion mit über 5.000 Hasen

**Zeitpunkt:** Ostern
**Thema:** Ostern im Wendschen mit über 5000 Hasen

**Beschreibung:**
Über 5000 gebackene Mürbeteigosterhasen werden während des Aktionszeitraums von den Mitgliedsbetrieben an die Kundschaft verteilt.

**Kontakt:** Werbegemeinschaft Wenden e.V., Erster Vorstandsvorsitzender, Christoph Häner, Hauptstraße 79, 57482 Wenden, Tel: 02762/929122, Fax: 02762/929124, info@schuhhaus-haener.de, www.wg-wenden.de

## 21. Krokusblütenfest Husum

**Zeitpunkt:** Ende März 2010
**Thema:** Krokusse im Schlosspark Husum

**Beschreibung:**
Der Schlosspark im Schloss Husum wird wie in jedem Frühling von einem Meer lilafarbener Krokusse geschmückt. Zielgruppe sind Nordsee-Urlauber und Einheimische der Ferienregionen Nordfriesland und Dithmarschen in die Hafenstadt Husum. Die Veranstaltung erfolgt in Kombination mit einem verkaufsoffenen Sonntag.

**Kontakt:** Hafen Event GmbH, Herr Bossen, Postfach 1520, 25805 Husum, Tel.: 04605/848, wbossen@t-online.de, www.husumer-werbegemeinschaft.de

## 22. Ritterturnier mit Bauernmarkt

**Zeitpunkt:** Mai

**Thema:** Verkaufsoffener Sonntag mit Bio-und Bauernmarkt

**Beschreibung:**
Verkaufsoffener Sonntag mit Bio- und Bauernmarkt und großem Ritterturnier-Programm.

**Kontakt:** Werbegemeinschaft Wenden e.V., Erster Vorstandsvorsitzender, Christoph Häner, Hauptstraße 79, 57482 Wenden, Tel: 02762/929122, Fax: 02762/929124, info@schuhhaus-haener.de, www.wg-wenden.de


## 23. Sophien-Lauf Kiel

**Zeitpunkt:** März
**Thema:** 24h-Marathon im Sophienhof

**Beschreibung:**
In enger Zusammenarbeit mit einem Sportgeschäft wird ein 24h-Laufband-Marathon ausgerichtet. Für jeden Kilometer werden von den Sponsoren € 2,50 als Spende an die Kieler Sporthilfe gestiftet.

**Kontakt:** Werbegemeinschaft Sophienhof, Sophienblatt 20, 24103 Kiel, Tel.0431/673044, Fax: 0431/673049, www.sophienhof.de, info@sophienhof.de


## 24. „Wasser erleben" Königspassage Lübeck

**Zeitpunkt:** Mai

**Thema:** „Wasser erleben – im Fluss der Phänomene", gleichzeitig verkaufsoffener Sonntag.

**Beschreibung:**
Das Science Center Phänomenta ist in der Königpassage zu Gast mit einer Ausstellung über das Phänoment Wasser. Gleichzeitig findet ein verkaufsoffener Sonntag statt.

**Kontakt:** Königpassage Lübeck Werbegemeinschaft GbR, Centermanager Jörn Hafferberg, Fleischhauerstraße 33, 23552 Lübeck, Tel.: 0451/799450, Fax: 0451/7994520, info@koenigpassage.com,

## 25. Hamburger Fischmarkt

**Zeitpunkt:** März

**Thema:** Aktion mit Ständen des „Hamburger Fischmarkts"

**Beschreibung:**
Fischmarkt mit verkaufsoffenem Sonntag, die Geschäfte sind von 13-18 Uhr geöffnet.

**Kontakt:** Werbegemeinschaft Bodenwerder e.V., Monika Meyer, Große Straße 27, 37619 Bodenwerder, info@werbegemeinschaft-bodenwerder.de, www.werbegemeinschaft-bodenwerder.de

## 26. Mai-Shopping, Kiel

**Zeitpunkt:** Mai

**Thema:** Mai-Shopping, alles rund um das Thema „Mai"

**Beschreibung:**
Maikäfer, Maikringel, Maigrün, Maibowle ... Mai-Shopping in der Holtenauer. Lange Öffnungszeiten an einem Samstag-Abend

**Kontakt:** Die Holtenauer e.V., Marten Freund, Holtenauer Straße 70–72, 24105 Kiel, Tel. 0431/570200, info@die-holtenauer.de, www.die-holtenauer.de

## 27. Mai-Fest mit großem Kinderfest, Lübeck

**Zeitpunkt:** 1. Mai

**Thema:** Frühjahrsfest mit großem Kinderfest

**Beschreibung:**
Riesenkinderfest mit: Schweinekarussell, Trecker fahren, Marionettenspieler, Clown, Zauberer, Klettergarten, Spielmobil, Schokokusswurfmaschine, Schminken, geknotete Luftballons , Kinder-Mittelalter-Folk, Boot fahren mit Greenpeace, Jongleure, Bogenschießen, Kinderwährung, Streichelzoo

**Kontakt:** Lübeck-Management e.V., Fleischhauerstr. 37, 23552 Lübeck, Tel.: 0451/7073021, Fax: 0451/73133, lm@luebeckmanagement.de, www.luebeckmanagement.de

## 28. Altstadt blüht, Recklinghausen

**Zeitpunkt:** April/Mai

**Thema:** Altstadt blüht … - Mode, Handwerk & Autos und ein verkaufsoffener Sonntag

**Beschreibung:**
Tanz in den Mai auf dem Marktplatz, Handwerkerinfomeile und verkaufsoffener Sonntag

**Kontakt:** Werbegemeinschaft Recklinghausen e.V., Postfach 10 20 32, 45620 Recklinghausen, info@werbegemeinschaft-recklinghausen.de, , www.werbegemeinschaft-recklinghausen.de

## 29. Der Osterhase im Vennehof, Borken 2010

**Zeitpunkt:** Ostern

**Thema:** Osterhase im Einkaufszentrum Vennehof

**Beschreibung:**
Der Osterhase verteilt am Samstag im Shopping Center Vennehof Überraschungseier und andere Süßigkeiten. Überschaubarer Organisations- und Finanzaufwand (wenige Tage Vorlauf, Organisation des „Osterhasen", ca. 300 Euro Kosten).

**Kontakt:** Am Vennehof 2, 46325 Borken, Tel.: 0 2861/924480, Fax: 02861/92448100, management@vennehof.de, www.vennehof.de

## 30. Dragonboat-Ausstellung, Borken 2010

**Zeitpunkt:** Mai

**Thema:** Dragonboat-Ausstellung im Einkaufszentrum

**Beschreibung:**
Themenschau im Einkaufszentrum um den Mythos Drachen. Präsentation eines 12m langen Dragonboats. Die Aktion wurde in Gesamtaktionen in der Stadt eingebettet.
**Kontakt:**
Am Vennehof 2, 46325 Borken, Tel.: 02861/924480, Fax: 02861/92448100, management@vennehof.de, www.vennehof.de

## 31. Künstlermarkt, Dortmund-Aplerbeck 2010

**Zeitpunkt:** Anfang Mai

**Thema:** Künstlermarkt mit verkaufsoffenem Sonntag

**Beschreibung:**
Künstlermarkt, der regelmäßig zur selben Jahreszeit veranstaltet wird. Dabei stellen regionale und lokale Galerien und Künstler aus. „Einzelkünstler und Einzelkünstlerinnen mit Bildern, Skulpturen und Kunstwerken aus verschiedenartigsten Materialien. Die Bandbreite der künstlerischen Stilrichtungen ist wegen des offenen Charakters des Künstlermarktes sehr weit gefasst."

**Kontakt:** Köln-Berliner-Str. 24, 44287 Dortmund, www.aplerbeck.info/kontakt.html

## 32. Stadt-Bahn-Fest, Dortmund

**Zeitpunkt:** April

**Thema:** Stadt-Bahn-Fest mit verkaufsoffenem Sonntag

**Beschreibung:**
Verkaufsoffener Sonntag mit Programm rund um die Stadt-Bahn, die die Einkaufsstraße prägt.

**Kontakt:** Aktion Boulevard Kampstraße e. V., Kampstraße 4´, 44137 Dortmund, Tel.: 0231/579038, Fax: 0231/1629914, info@ag-kampstrasse.de, www.ag-kampstrasse.de

## 33. Autogrammstunden + Midnight-Shopping, Aachener Arkaden

**Zeitpunkt:** Mai

**Thema:** Lange Einkaufsnacht Midnight-Shopping, Modenschau, Autogrammstunde von Prominenten

**Beschreibung:**
Präsentations der Frühjahrs- und Sommertrends, Autogrammstunde des Gewinners einer Casting-Show

**Kontakt:** Trierer Straße 1, 52078 Aachen, Tel. 0241/55924251, Fax: 0241/55924253, info@aachenarkaden.de, www.aachenarkaden.de

## 34. Sankt Ingberter Frühling

**Zeitpunkt:** April

**Thema:** Frühlingsaktionen an einem Samstag in der Innenstand von St. Ingbert

**Beschreibung:**
An einem Samstag bieten Gastronomen, Einzelhändler und Blumenhändler in Sankt Ingbert Sonderaktionen. Straßenmusikanten und die örtliche Orchestergemeinschaft musizieren in der Fußgängerzone. Ein Künstler aus dem Ort präsentiert Werke unter dem Motto "Frühling auf Mallorca". Schaufensterdekorationswettbewerb "Frühling in den Schaufenstern", bei dem eine Fachjury die Fenster bewertet. An diesem Samstag findet in St. Ingbert auch der Wochenmarkt statt, der bei dieser Aktion durch Fahrgeschäfte ergänzt wird.

**Kontakt:** Am Markt 12, 66386 St. Ingbert, Tel.: 06894/13761, Fax: 06894/13769,
info@stadtmarketing-st-ingbert.de, www.stadtmarketing-st-ingbert.de

## 35. Vorher-Nachher-Show, Saarpark-Center Neunkirchen

**Zeitpunkt:** März

**Thema:** Bekleidung, Kosmetik, Friseur: „Vorher-Nachher-Show"

**Beschreibung:**
Familie und Freunde der Männer und Frauen, die an der Aktion teilnehmen, können mit einem komplett neuen Outfit zu überrascht werden. Vorher-Nachher-Live-Show, die die im Allgäu ansässige Show-Agentur Cambiare in Zusammenarbeit mit dem Center-Management und den Fachgeschäften aus dem Center auf der Aktionsbühne in der Mall präsentiert. Die Aktion besteht aus einer Kombination aus neuer Frisur, neuer Bekleidung und neuem Make-up.

**Kontakt:** ECE-Centermanagement, Saarpark-Center Neunkirchen, Center-Management,
Stummplatz 1, 66538 Neunkirchen, Tel.: 06821/999730, Fax: 06821/9997399,
info@saarpark-center-neunkirchen.de

## 36. Autofrühling Oschatz

**Zeitpunkt:** Ende Mai

**Thema:** Oschatzer Innenstadt wird an einem Samstag zur Automeile

**Beschreibung:**
Die Werbegemeinschaft Oschatz und 19 Autohändler aus Oschatz und der Umgebung machen an einem Samstag eine Nachmittags-Autoschau. Aktionen wie ein Wettkampf der Autohäuser (schnellster Radwechsler), Shows, Musik, Gewinnspiele, Kinderkarussel und Zuckerwattestand runden das Programm ab. Die Aktion kostet ca. 3.500€ und erfordert einiges an Koordinationsaufwand bei der Zuweisung der Händlerplätze.

**Kontakt:** Werbegemeinschaft Oschatz e.V., Hospitalstraße 9, 04758 Oschatz, Telefon 03435/97660, www.werbegemeinschaft-oschatz.de/index.php

## 37. Birkenfest, Colditz

**Zeitpunkt:** Mai

**Thema:** Birkenfest und Eröffnung der Sächsischen Musikakademie

**Beschreibung:**
Birkenfest (Gartengestaltung), Eröffnung der Musikakademie wird jährlich mit einem Samstag mit langen Ladenöffnungszeiten kombiniert.

**Kosten:** Werbegemeinschaft Colditz e.V. Vorsitzender J. Riebe, Schulstrasse 1, 04680 Colditz, Tel.: 034381/55138, www.werbegemeinschaft-colditz.de

## 38. Waschbärtag, Chemnitz Center

**Zeitpunkt:** Anfang Februar jährlich

**Thema:** Waschbärtag

**Beschreibung:**
Ähnlich wie in dem Hollywoodfilm „...und täglich grüßt das Murmeltier" wird einmal im Jahr mit dem Waschbären Heiko Anfang Februar der Frühlingsbeginn voraussagt. Wirft er einen Schatten oder nicht? Mit der Antwort steht und fällt der Frühlingsbeginn. Jedes Jahr zieht dieses fröhliche Spektakel tausende Zuschauer an.
**Kontakt:** Werbegemeinschaft GbR Chemnitz Center, Ringstraße 17, 09247 Chemnitz, Tel.: 03722/5046-0, Fax: 03722/04620, centermanagement@chemnitz-center.de, www.chemnitz-center.de

## 39. Wesermarsch-Schau Rodenkirchen

**Zeitpunkt:** April

**Thema:** Leistungsschau für Handel und Gewerbe im Landkreis

**Beschreibung:**
Schausteller bieten den Volksfest-Rahmen für eine Gewerbeschau, die wiederum in den Räumen der Stadhalle stattfindet.

**Kontakt:** Hilke Herrmann e.K., Versicherungsfachfrau, Beckumer Siel 1, 26935 Rodenkirchen, Tel.: 04732/921423, Fax: 04732/921422, HH@HilkeHerrmann.de, www.HilkeHerrmann.de

## 40. Ostermarkt Barsinghausen

**Zeitpunkt:** Sonntag vor Ostern

**Thema:** Ostermarkt und zugleich verkaufsoffener Sonntag

**Beschreibung:**
Ostermarkt mit Unterhaltungsaktivitäten (Stände von Kunsthandwerkern, Osterbaum, Ponyreiten, Flugshow, Stadtführung etc.). Kosten: ca. 1.200€, Vorlauf: 3 Wochen

**Kontakt:** Das Centrum e.V., Servicebüro, Tatjana Strecker, Osterstr. 5, 30890 Barsinghausen, Tel.: 05105/5844361, centrum.barsinghausen@gmx.de

## 41. Frühlingsmeile, Salzgitter-Bad (Oldtimer)

**Zeitpunkt:** Mai

**Thema:** Frühlingsmeile mit verkaufsoffenem Sonntag

**Beschreibung:**
Oldtimerausstellung als Anziehungspunkt für verkaufsoffenen Sonntag in der Innenstadt

**Kontakt:** Werbegemeinschaft Salzgitter-Bad e. V.
Förderverein für Bad Salzgitter, Postfach 51 17 70, 38247 Salzgitter, Tel. und Fax: 05341/901600, info@werbegemeinschaft-salzgitter-bad.de, www.werbegemeinschaft-salzgitter-bad.de

## 42. Osteraktion, Königslutter

**Zeitpunkt:** Zeit vor Ostern, z.B. März

**Thema:** Osteraktion - Suchen, Zählen, Gewinnen!

**Beschreibung:**
In den Aktiv-Geschäften hingen im März Aktiv-Ostereier, manchmal auch mehrere pro Geschäft. Diese sollten die Lutteraner ausfindig machen, zählen und dann auf einem Lösungsbogen die Anzahl eintragen. Die Gewinner erhielten Einkaufsgutscheine.

**Kontakt:** Thomas Auksutat, Am Pastorenkamp 10, 38154 Königslutter, Tel.: 05353/2333, Fax: 05353/918533, thomas.auksutat@t-online.de, (Geben Sie bitte als Betreff Königslutter-aktiv an.), www.koenigslutter-aktiv.de

## 43. Kunst und Kaufen, Dransfeld

**Zeitpunkt:** März

**Thema:** Dransfelder Künstler stellen aus!

**Beschreibung:**
Eine Woche lang sind in einer Einkaufsstraße in Dransfeld Kunstobjekte in den Geschäften zu sehen. In Zusammenarbeit mit dem Gewerbeverein hat das Dransfelder Kunst-Werk das Projekt „ Kunst und Kaufen" vorbereitet und ihm den Titel „Kunst schaut aus Fenstern" gegeben. Besucher und Kunden können in den Geschäften kaufen, bummeln und dabei Kunstwerke bewundern.

**Kontakt:** Klaus Mielenhausen, Tel.: 05502/3563, KlausMielenhausen@web.de, http://gewerbeverein-dransfeld.de,

## 44. Kleine Friedensfahrt in Salzwedel

**Zeitpunkt:** April

**Thema:** Radrennen durch die Innenstadt

**Beschreibung:**
Die Werbegemeinschaft Salzwedel e.V. organisiert gemeinsam mit einem Radsport-Stammtisch diese Sportveranstaltung. Organisationsaufwand besteht vor allem für Streckenpersonal und Werbung.

**Kontakt:** Büro der Werbegemeinschaft Salzwedel e.V., Neuperver Tor, 29419 Salzwedel Tel.: 03901/475589, info@werbegemeinschaft-salzwedel.de

## 45. Suhler Frühling 2010

**Zeitpunkt:** April
**Thema:** Suhler Frühling mit Automeile, Marktschreiern, Schaustellern und verkaufsoffenem Sonntag

**Beschreibung:**
Familien-Programm in die Suhler City, veranstaltet vom Suhler Stadtmarketing. Programmbeiträge: Südthüringens größte Automeile, verkaufsoffener Sonntag, Extra-Angebote und Aktionen der übrigen Händler.
**Kontakt:** Stadtmarketing Initiative e.V., "Suhl handelt - Suhl trifft",
1. Vorstand: Norbert Hertwig, Schmuck und Uhren Steigleder, Steinweg 19, 98527 Suhl, Tel.: 03681/802124, Fax: 03681/802125, E-Mail:
norbert.hertwig@gmx.net,
www.stadtmarketing-suhl.de/veranstaltungen-events-suhl.html,

## 46. Afterwork-Party (Entenrennen), Ettenheim

**Zeitpunkt:** April
**Thema:** Afterwork-Party (z.T. mit Entenrennen)

**Beschreibung:**
Der Verein „Unternehmen Ettenheim" organisiert viermal im Jahr eine After-Work-Party, bei der ab 17:00/18:00 Uhr eine Band auf einem zentralen Platz in der Altstadt die Hauptattraktion bildet und (teilweise in Kooperation mit Vereinen) für Bewirtung gesorgt wird. Die zweite After-Work-Party eines jeden Jahres ist mit einem Entenrennen gekoppelt, bei dem ein Wettschwimmen von Plastikenten stattfindet.
**Kontakt:** Unternehmen Ettenheim e.V., Sonnenberg 15, 77955 Ettenheim, Email: breyer-maylaender@hs-offenburg.de

## 47. KuKuK-Kleinkunstfestival, Ettenheim

**Zeitpunkt:** Mai
**Thema:** Kleinkunstfestival in der Innenstadt

**Beschreibung:**
Der Verein „Unternehmen Ettenheim" ist Schirmherr einer Kleinkunstveranstaltung, die die Ruster Künstleragentur „Stefan Zimmermann Productions" organisiert. An einem Wochenende wird die Altstadt durch unterschiedliche Bühnenshows und Walking Acts belebt.
**Kontakt:** Stefan Zimmermann, Sonnenstraße 3, 77977 Rust, Tel.:
07822/865535, Fax: 07822/865545, info@stefan-zimmermann-productions.de

# Sommer

## 1. Sommerfest Erkrath

**Zeitpunkt:** Juni
**Thema:** Sommerfest

**Beschreibung:**
Sommerfest der Werbegemeinschaft Erkrath City: 42 Stände und Programm auf zwei Bühnen füllen Alt-Erkrath dann mit Leben. Einzelhändler, Vereine, Gastronomen, Schulen und andere bieten Leckereien und Unterhaltung für Kinder und Erwachsene.

**Kontakt:**
Werbegemeinschaft Erkrath City, Peter Müller, Postfach 1522, 40675 Erkrath

## 2. Schadowstraßen-Fest Düsseldorf

**Zeitpunkt:** August
**Thema:** Straßenfest, Haupteinkaufsstraße

**Beschreibung:**
Regelmäßig veranstaltetes "Volksfest" für die ganze Familie. Bühnenshows, Musik, Gastronomie, Information und Erlebnis sind hierbei wichtige Faktoren. Maßgeblicher Erfolgsfaktor ist das Niveau des Programms.

**Kontakt:** City-Projekte Dörnenburg & Paffrath GmbH, Kalkumer Straße 152, 40468 Düsseldorf, Tel.: 0211/42999234, Fax: 0211/4249161, info@city-projekte.de

### 3. Europawoche, Hennef 2007

**Zeitpunkt:** Mai

**Thema:** Europafest mit verkaufsoffenem Sonntag

**Beschreibung:**
Fest mit Ständen und Programm rund um das Thema Europa mit dem
Schwerpunkt Frankreich.

**Kontakt:** Werbegemeinschaft Hennef e.V., Vorstand Peter Martius, Frankfurter
Str. 73, 53773 Hennef, Tel.: 02242/4288, Fax: 02242/5141,
info@werbegemeinschaft-hennef.de, http://www.werbegemeinschaft-hennef.de

### 4. Memminger Stadtfest

**Zeitpunkt:** Juni
**Thema:** Stadtfest

**Beschreibung:**
Sommerparty in der Memminger Altstadt mit seiner unverwechselbaren Kulisse.
Kulinarisch breites Angebot wie Kuchen und Torten, Krautschupfnudeln,
Würstchen, Fisch-/Käsesemmel und Schmalzbrote; Festprogramm mit Spiel-
und Fahrgeschäften für Kinder und Musik von Musikkapellen aus der Region.

**Kontakt:** Werbegemeinschaft Junge Altstadt Memmingen e.V., Kontaktbüro
Schrannenplatz 6, 87700 Memmingen, Tel.: 08331/109190, Fax: 08331/109102

### 5. Fashion Day/Modenschau

**Zeitpunkt:** Sommer
**Thema:** Fashion Day - OpenAir Modenschau

**Beschreibung:**
Die Händler präsentieren aktuelle Kollektionen im Herzen von Brandenburg an
der Havel. Abgerundet mit musikalischen Showeinlagen und begleitet durch
Außengastronomie.

**Kontakt:** STG Stadtmarketing- und Tourismusgesellschaft Brandenburg an der
Havel mbH, Neustädtischer Markt 3, 14776 Brandenburg an der Havel, Tel.:
03381/796360, Fax: 03381/7963620,info@stg-brandenburg.de,
www.stg-brandenburg.de

### 6. Musikalarm

**Zeitpunkt:** Sommer
**Thema:** Musikveranstaltung in der Innenstadt

**Beschreibung:**
Musikschule der Stadt Brandenburg an der Havel organisiert mit Partnern ein „musikalisches Band" durch die Innenstadt.

**Kontakt:** STG Stadtmarketing- und Tourismusgesellschaft Brandenburg an der Havel mbH, Neustädtischer Markt 3, 14776 Brandenburg an der Havel, Tel.: 03381/796360, Fax: 03381/7963620, info@stg-brandenburg.de, www.stg-brandenburg.de

## 7. Havelfest

**Zeitpunkt:** Juni/Sommer
**Thema:** Stadt-/Flußfest

**Beschreibung:**
Die Stadt Brandenburg veranstaltet das Sommerfest, das sportliche Herausforderungen, sowie Musik- und Familienprogramm umfasst. Drei Bühnen, Wahl zur Havelkönigin, Entenrennen, Drachenbootrennen
**Kontakt:** Stadt Brandenburg an der Havel, Altstädtischer Markt 10, 14770 Brandenburg an der Havel, Tel. 03381/580, www.stadt-brandenburg.de

## 8. Heidelberger Literaturtage

**Zeitpunkt:** Juni
**Thema:** Literaturfestival

**Beschreibung:**
Jährliches Literaturfestival mit einem Programm aus Lesungen internationaler Schriftstellerinnen und Schriftsteller, Autorengesprächen und Musik. Ein original Jugendstilzelt bietet Platz für 300 Besucher. Der Veranstalter der Heidelberger Literaturtage ist die Arbeitsgemeinschaft Heidelberger Literaturtage, die sich aus neun Mitgliedern zusammensetzt: Buchhandlung Büchergilde Buch und Kultur, Deutsch-Amerikanisches Institut, Bureau de la Coopération Universitaire, Montpellier-Haus, Karl Schmitt & Co. Buchhandlung, Kulturamt der Stadt Heidelberg, Stadtbücherei Heidelberg, Verlag Das Wunderhorn und Weiss`sche Universitätsbuchhandlung.
**Kontakt:** Arbeitsgemeinschaft Heidelberger Literaturtage, Julia Hoscislawski, c/o Kulturamt der Stadt Heidelberg, Haspelgasse 12, 69117 Heidelberg, Tel.: 06221/5833020, Fax: 06221/5833490,
Email: literaturtage@heidelberg.de, www.heidellittage.de

## 9. „Fluss mit Flair" in Gießen

**Saison/Zeitpunkt:** Sommer/Juni
**Thema:** Kunstspectaculum

**Beschreibung:**
Ein ökologisch bedeutsames Gebiet wird von lokalen Gruppen des Bürgerschaftlichen Engagements in einer Kunstaktion belebt. Den größten Teil des eintägigen Kunstereignisses nehmen die Aktionsstände entlang der Wieseck ein, an denen Künstlerinnen und Künstler aus dem mittelhessischen Raum ihre Werke produzieren und ausstellen können. Teilnehmer sind Kunstschaffende, Kunst unterrichtende Schulen sowie Vereinigungen und Initiativen, in denen sich Menschen aller Altersgruppen künstlerisch betätigen, sowie professionell tätige Künstler. Ein besonderer Wert wird auf die Teilnahme jugendlicher Künstler gelegt. Die Veranstaltung soll durch ein - nicht gewerblich orientiertes - kulturell ansprechendes Ambiente bestimmt sein, ohne dass der Charakter eines Volksfestes oder Marktes entsteht.
Sonderausstellungen begleiten die Aktion.

**Kontakt:**
Universitätsstadt Gießen, Koordinierungsstelle Lokale Agenda 21 Gießen, Berliner Platz 1, 35390 Gießen, Fax: 0641/306-2191, umweltamt@giessen.de, www.flussmitflair.de

## 10. Theatrium Wiesbaden

**Zeitpunkt:** Juni
**Thema:** Straßen-Kleinkunst

**Beschreibung:**
Ursprünglicher Anlass des ersten Theatriums war im Jahre 1978 die Wiedereröffnung des damals gerade renovierten Hessischen Staatstheaters. Vier Bühnen, Musik- und Aktionsflächen, Komödianten, Gaukler und Straßenmusikanten verwandeln den Bereich rund um das Theater und Kurhaus an den drei Veranstaltungstagen in eine faszinierende und lebendige Bühne. Ergänzt wird das Ganze durch einen Kunsthandwerkermarkt und einen französischen Gourmetmarkt („multikulturelle Unterhaltung auf gehobenem Niveau").

**Kontakt:** Kurhaus Wiesbaden GmbH, Kurhausplatz 1, 65189 Wiesbaden, Tel.: 0611/1729285, Fax: 0611/1729488, info@kurhaus-wiesbaden.de

## 11. Biebricher Höfefest

**Zeitpunkt:** Juni
**Thema:** Höfefest unterschiedlicher regionaler Höfe

**Beschreibung:**
29 Biebricher Höfe bieten ein breit gefächertes kulturelles Angebot (z.B. Salsa-Band).

**Kontakt:** Clemens Würkner, Tel.: 0611/61495, clekul@me.com, Michael Fechner, Tel.: 0611/608180 michael.fechner@wiesbaden.de, info@hoefefest.de, www.hoefefest.de


## 12. Darmstadt unter Strom

**Zeitpunkt:** Juni
**Thema:** Beleuchtung und Musik, regionaler Energieversorger, Abendeinkauf

**Beschreibung:**
Unter dem Motto „Darmstadt unter Strom" erwartet die Besucher der Darmstädter Innenstadt am Abend des ab 20 Uhr ein Programm mit Kleinkunst, Musik, illuminierten Gebäuden, die Darmstädter Innenstadt soll sich an diesem Abend in eine „große Bühne" verwandeln. Abendeinkauf bis 24 Uhr. Sponsoring durch reg. Energieversorger. Für Kinder „Darmstädter Nachtspielplatz". Abschlussshow auf dem Marktplatz Bild- und Videoshow mit Feuerwerk.

**Kontakt:** Darmstadt Citymarketing e.V., Im Carree 1 (3.OG), 64283 Darmstadt,Tel.: 06151/134520, Fax: 06151/134529, citymarketing@darmstadt.de, www.darmstadt-citymarketing.de


## 13. Amberg Rose

**Zeitpunkt:** Juni
**Thema:** Rosenfest der Gärtnereien im Stadtzentrum

**Beschreibung:**
Seit 2003 gibt es eine eigene „Amberg-Rose", die vom Stadtmarketing Amberg und den Gärtnereien Rupprecht und Eimer bei der Veranstaltung auf dem Marktplatz präsentiert wird.
**Kontakt:** Stadtmarketing Amberg e.V., Geschäftsstelle Birgit Plößner, Rathaus, 2. Stock, Zimmer 204, Marktplatz 11, 92224 Amberg, Tel.: 09621/10274, Fax: 09621/10310, stadtmarketing@amberg.de, www.stadtmarketing-amberg.de,

## 14. Ansbacher Altstadtfest

**Zeitpunkt:** Juni
**Thema:** Altstadtfest (Musik, Kleinkust und Theater), Verkaufsoffener Sonntag

**Beschreibung:**
Live-Musik, Theateraufführungen und ein Kinderflohmarkt bilden die Kulisse für einen verkaufsoffenen Sonntag.

**Kontakt:** PRO City Ansbach e.V., Herr Peter Fritsch, Neustadt 25-27, 91522 Ansbach, Tel.: 0981/5617, Fax: 0981/13199, info@procity-ansbach.de

## 15. Karneval der Kulturen, Berlin

**Zeitpunkt:** Juni
**Thema:** Karneval der Kulturen

**Beschreibung:**
Während vier Festivaltagen erleben rund 1,3 Millionen Besucher die Hauptstadt von ihrer Schokoladenseite: weltoffen und international, dynamisch und lebensfroh, vielfältig und farbenprächtig. Der Karneval der Kulturen ist längst die Lieblingsparade der Berliner. Gut 4.000 Akteure aus fast allen Erdteilen – selbst Australier - sind inzwischen dabei. Neben dem Umzug gehören auch ein viertägiges Straßenfest, eine Kinderkarnevalsparade und viele Partys zum Karneval der Kulturen.

**Kontakt:** Karnevalbüro c/o Werkstatt der Kulturen, Nadja Mau, Stefanie Schatte & Vassiliki Gortsas, Wissmannstraße 32, 12049 Berlin, Tel.: 030/60977022, Fax: 030/60977013, info@karneval-berlin.de, www.karneval-berlin.de

## 16. Filmfest München

**Zeitpunkt:** Juni/Juli
**Thema:** Filmfest

**Beschreibung:**
Die internationale Filmszene stellt sich in München vor. Kinofans, internationale Stars, junge Talente, Vertreter der Filmbranche und Journalisten kommen bei diesem Festival zusammen. Die Veranstaltungsorte sind die Kinos entlang der „Isarmeile".

**Kontakt:** Internationale Filmwochen GmbH, Tel.: 089/3819040, Fax: 089/38190426, info@filmfest- muenchen.de, www.filmfest-muenchen.de

96

## 17. Tollwood Sommerfestival, München

**Zeitpunkt:** Juni / Juli
**Thema:** Künstlerisches Sommerfestival

**Beschreibung:**
Zeltspektakel im Olympiapark mit einer Mischung aus internationalen Musikern und Theatergruppen, Performances und Live-Musik, Kunst und Kultur sowie der beliebte Markt der Ideen mit Kunsthandwerk und Kulinarischem aus aller Welt.

**Kontakt:** Tollwood Gesellschaft für Kulturveranstaltungen und Umweltaktivitäten, Waisenhausstr. 20, (Nordflügel), 80637 München, Pressekontakt: Tel.: 089/38385013, Fax: 089/38385033, christiane.stenzel@tollwood.de, info@tollwood.de, www.tollwood.de

## 18. Heidelberger Schlossfestspiele

**Zeitpunkt:** Juni - August
**Thema:** Schlossfestspiele, Sommerkonzerte

**Beschreibung:**
Unterschiedlichste Inszenierungen und Aufführungen im Bereich Theater und Konzert werden vor der Kulisse des Heidelberger Schlosses aufgeführt.

**Kontakt:** Kartenverkauf Theaterkasse, Theaterstr. 4, 69117 Heidelberg, Tel.: 06221/5820000, Fax: 06221/584620000, tickets@theater.heidelberg.de, www.heidelberger-schlossfestspiele.de

## 19. Freiburger Münstersommer

**Zeitpunkt:** Sommer
**Thema:** Sommerkonzerte

**Beschreibung:**
Unterschiedliche Kulturveranstaltungen wie Konzerte, Lesungen, Filme und Ausstellungen werden an verschiedenen Spielorten live aufgeführt.

**Kontakt:** Kulturamt der Stadt, Münsterplatz 30, 79098 Freiburg, Tel.: 0761/2012101, Fax: 0761/2012199, kulturamt@stadt.freiburg.de.

## 20. Fischerjakobi in Plaue

**Zeitpunkt:** Sommer
**Thema:** Historisches Fest zu Ehren eines Schutzheiligen in Brandenburg an der Havel

**Beschreibung:**
Dreitägiges historisches Fest, das vom Bürgerverein und der Plauer Bürgerschaft auf rein ehrenamtlicher Basis veranstaltet wird.
**Kontakt:** Unabhängiger Bürgerverein Plaue e.V., Koenigsmarckstraße 22, 14774 Brandenburg an der Havel, Tel.: 03381/793890, Fax: 03381/793892, www.fischerjakobi.de

## 21. Oldiefete – Golden Oldies

**Zeitpunkt:** Sommer, Juli/August
**Thema:** Musikfestival/Oldiefete, Oldtimershow

**Beschreibung:**
Dreitägige Veranstaltung im mittelhessische Wettenberg unter dem Motto "Musik, Motoren, Wirtschaftswunder". Auf 9 Bühnen präsentieren 50 Musikgruppen Beat, Soul, Pop und Rock'n'Roll der 50er bis 70er Jahre. Natürlich erklingen auch Klassiker und Evergreens der 20er bis 40er Jahre am Fuße der Burg Gleiberg. Über 1.500 Oldtimer werden bei dem Festival erwartet.
*Presseberich unter* URL: http://www.giessener-anzeiger.de/lokales/kreis-giessen/wettenberg/9210245.htm
**Kontakt:** Festival Golden Oldies, Gemeinde Wettenberg, Sorguesplatz 1-3, 35435 Wettenberg, Tel.: 0641/80462, Fax: 0641/80465, info@golden-oldies.de

## 22. Apothekergartenfest in Wiesbaden

**Zeitpunkt:** Juli
**Thema:** Gartenfest in einem öffentlichen Garten/Park in der Innenstadt

**Beschreibung:**
Im Wiesbadener Apothekergarten werden Rundgänge und Gesundheitstipps kombiniert. Die Universität Mainz hat einen Infotisch zum Thema "Pflanzliche Arzneimittel" vor Ort und ein Arzneipflanzen-Quiz, musikalische Unterhaltung und Catering runden die Veranstaltung ab.

**Kontakt:** Interessengemeinschaft der Apotheker Hessen-Nassau e.V., Amrumer Str. 11, 65199 Wiesbaden, Tel.: 0611/305054, Fax: 0611/7163832, ig-hessen-nassau@gmx.de, Freundeskreis Apothekergarten Wiesbaden e.V., Vorsitzender Herr H. Steeg, 65197 Wiesbaden, Tel.: 0611/424622

## 23. Zelt-Musik-Festival, Freiburg

**Zeitpunkt:** Sommer, Juli/August
**Thema:** Musik und Kulturveranstaltung: Zelt-Musik-Festival

**Beschreibung:**
Musik, Kabarett und Theaterveranstaltungen, kombiniert mit einem breiten Angebot unterschiedlichster kulinarischer Angebote.

**Kontakt:** Zelt-Musik-Festival GmbH, Rehlingstr. 6e, 79100 Freiburg i.Br., Tel.: 0761/5040333, office@zmf.de

## 24. Ansbacher Rokoko-Festspiele

**Zeitpunkt:** Juli
**Thema:** Musik-Festspiele

**Beschreibung:**
Der Ansbacher Heimatverein lässt die Zeit des Markgrafen Carl Wilhelm Friedrich von Brandenburg-Ansbach mit höfischem Treiben vor der imposanten Kulisse der Orangerie im Hofgarten wieder aufleben. Galanterie und ein Hauch von Puder und Parfüm verleihen dem Geschehen seinen einmaligen Charakter.

**Kontakt:** Amt für Kultur und Touristik, Johann-Sebastian-Bach-Platz 1, 91522 Ansbach, Tel.: 0981/51243, Fax: 0981/51365, akut@ansbach.de

## 25. Kneipenfestival „Honky Tonk", Schweinfurt

**Zeitpunkt:** Juli/August
**Thema:** Livemusikfestival

**Beschreibung:**
50 Bands und DJs auf 32 Bühnen beleben die Innenstadt.

**Kontakt:**
Stadt Schweinfurt: Pressestelle, pressestelle@schweinfurt.de

## 26. Hanse-Fest Frankfurt/Oder

**Zeitpunkt:** Juli
**Thema:** Deutsch-polnisches Fest „Hanse-Stadt Fest Bunter Hering"

**Beschreibung:**
Dreitägiges attraktives Kultur- und Erlebnisprogramm mit namhaften Künstlern der internationalen und nationalen Musikszene, Bands aus der ehemaligen Ostrockszene (Pop bis Klassik, vom Galakonzert bis zur Disco, vom Radrennen bis zum Schwimmwettbewerb in der Oder, von Bratwurst und Fisch bis zu kulinarischen Leckerbissen und internationalen Spezialitäten bis zum grandiosen Feuerwerksspektakel über der Oder.

**Kontakt:** Stadt Frankfurt (Oder), Stadtmarketing, Marktplatz 1, 15230 Frankfurt (Oder), Ansprechpartner: Robert Reuter, Tel.: 0335/5521363, Fax: 0335/5521369, bunter.hering@frankfurt-oder.de, www.bunterhering.de


## 27. Oper für Alle, München

**Zeitpunkt:** Juli
**Thema:** Frei zugängliche Oper für alle

**Beschreibung:**
Live-Übertragung einer Opernaufführung aus dem Nationaltheater auf Großleinwand (Eintritt frei). Sowie Übertragung von Orchesteraufführungen.

**Kontakt:** Bayerische Staatsoper, Tel.: 089/21851021, Fax: 089/21851023, presse@st-oper.bayern.de, www.staatsoper.de


## 28. La Strada, Bremen

**Zeitpunkt:** Sommer
**Thema:** Straßentheater La Strada

**Beschreibung:**
Großes Straßenzirkusfestival mit über 160 Shows als großes Kulturfest.

**Kontakt:** La Strada, c/o theaterkontor, Schildstr. 21, 28203 Bremen, Tel.: 0421/706582, Fax: 0421/706583, info@strassenzirkus.de, www.strassenzirkus.de

## 29. Jazzfest „Swinging Brandenburg"

**Zeitpunkt:** Sommer, August
**Thema:** Musikfestival, Jazzfest „Swinging Brandenburg"

**Beschreibung:**
Dreitägiges Jazzfestival in der Innenstadt

**Kontakt:** Jazzfreunde Brandenburg e.V., c/o Bernd Heese, Mühlendamm 4, 14776 Brandenburg, Tel.: 03381/309966, Musikschule der Stadt Brandenburg, info@jazzfreunde-brandenburg.de


## 30. Schlammbeisers Lahnlust, Gießen

**Zeitpunkt:** Sommer/August
**Thema:** Familienfest an der Lahn

**Beschreibung:**
Eine Kooperation von Ruder- und Kanuvereinen an der Lahn richtet gemeinsam mit der Stadt Gießen und der Gießen Marketing GmbH einen Familientag an der Lahn mit Spiel, Sport, Spaß und Speisen aus.

**Kontakt:** Tourist-Information Gießen, Berliner Platz 2, 35390 Gießen, Tel.: 0641/3061890, Fax: 0641/3061899, tourist@giessen.de


## 31. Gießener Stadtfest

**Zeitpunkt:** Sommer/August
**Thema:** Stadtfest mit Sponsorenlauf/Stadtlauf

**Beschreibung:**
Großes Open-Air-Konzert auf mehreren Bühnen. Außengastronomie der Restaurantbetriebe, Vereine mit eigenen Angeboten sowie ein Stadtlauf „Run 'n Roll for Help" von Aids-Hilfe und Lebenshilfe. Großer ökumenischer Gottesdienst auf dem Kirchenplatz.

**Kontakt:** Gießen Marketing GmbH, Abt. Stadtmarketing, Südanlage 4, 35390 Gießen, Tel.: 0641/3061881, Fax: 0641/3061889

## 32. Rheingauer Weinwoche, Wiesbaden

**Zeitpunkt:** August
**Thema:** einwöchiges Weinfest

**Beschreibung:**
Weinfest im Stadtzentrum von Wiesbaden, das den Weinen der Region und der Partnerstadt Klagenfurt gewidmet ist.

**Kontakt:** Wiesbaden Marketing GmbH, Wilhelmstraße 46, 65183 Wiesbaden, Tel.: 0611/312499, Fax: 0611/313935, info@wiesbaden-marketing.de´


## 33. "Wissen ist cool", Darmstadt

**Zeitpunkt:** August
**Thema:** Sommerferienaktion zum Thema Wissen in der Innenstadt

**Beschreibung:**
Im Rahmen des Ferienkinderprogramms setzt die Aktion auf Experimente, Ausstellungen und Wissenschaftsshows in der Innenstadt von Darmstadt. Die Initiative ist eine Kooperation der Darmstadt Marketing GmbH und des Darmstadt Citymarketing e.V.

**Kontakt:** Darmstadt Citymarketing e.V., Im Carree 1 (3.OG), 64283 Darmstadt, Tel.: 06151/134520, Fax: 06151/134529, citymarketing@darmstadt.de, www.darmstadt-citymarketing.de


## 34. Allgäuer Festwoche

**Zeitpunkt:** August
**Thema:** Ausstellung, Messe, Kultur-, Volksfest

**Beschreibung:**
Die Allgäuer Festwoche ist eine Mischung aus Wirtschaftsausstellung, Kulturfestival, Sportfest, Kommunikationszentrum und Volksfest mit ca. 160.000 Besuchern an 9 Tagen. Die Allgäuer Festwoche ist das Ereignis im öffentlichen Leben der Stadt Kempten und der Region Allgäu. In Kempten spricht man sogar von der „fünften Jahreszeit".

**Kontakt:** Kempten Tourismus- & Veranstaltungsservice, Allgäuer Festwoche, Rathausplatz 29,  87435 Kempten, Tel.: 0831/2525432, Fax: 0831/2525322, festwoche@kempten.de, www.festwoche.com

## 35. Schwedenfest in Wismar

**Zeitpunkt:** August
**Thema:** historisches Volksfest, Stadtlauf

**Beschreibung:**
Das Schwedenfest erinnert an die 155-jährige Zugehörigkeit Wismars zu Schweden. Musikveranstaltungen, historische Umzüge, eine Regatta und ein Stadtlauf prägen das Fest.

**Kontakt:** Tourist-Information Wismar, Am Markt 11, 23966 Wismar, Tel.: 0384/19433, Fax: 0384/2513091, touristinfo@wismar.de, www.schwedenfest-wsmar.de

## 36. Red-Bag-Day, Passau

**Zeitpunkt:** Sommer
**Thema:** Lange Einkaufsnacht

**Beschreibung:**
Lange Einkaufsnacht, bei der alle Kunden rote Tragetaschen bekommen und die Fußgängerzone und der Innenstadtbereich mit rot dekoriert wird (inkl. rot gefärbter Springbrunnen).

**Kontakt:** City Marketing Passau, Große Klingergasse 4, 94032 Passau, Tel.: 0851/4905290

## 37. Karibische Nacht, Sondershausen

**Zeitpunkt:** August
**Thema:** Lange Einkaufsnacht

**Beschreibung:**
Lange Einkaufsnacht organisiert von der Galerie am Schlossberg. Karibische und lateinamerikanische Musik und Tanzgruppen sowie ein dazu passendes kulinarisches Angebot.

**Kontakt:** Werbegemeinschaft „Galerie am Schlossberg", Lange Str. 1a, 99706 Sonderhausen, post@galerie-am-schlossberg.de, www.galerie-am-schlossberg.de

## 38. Malen für Mühlhausen

**Zeitpunkt:** August

**Thema:** Kindermalwettbewerb

**Beschreibung:**
Kinderfest in der Mühlhäuser Innenstadt unter dem Motto "Malen für Mühlhausen". In Zusammenarbeit mit dem Geschwister-Scholl Haus haben die Kleinen die Möglichkeit, ihr schönstes Bild auf dem Steinweg zu verewigen. Als Belohnung gibt es zwei Kugeln Eis.

**Kontakt:** Gewerbering Mühlhausen e.V., Vorsitzender: Andreas Klemt, An der Burg 23, 99974 Mühlhausen, Tel.: 03601/830830, info@gewerbering-muehlhausen.de, www.gewerbering-muehlhausen.de/index.php/impressum.html

## 39. Wittenberger Kunstwege, Lutherstadt Wittenberg

**Zeitpunkt:** August
**Thema:** Neue Kunst in alten Mauern – Die größte Galerie Sachsen-Anhalts

**Beschreibung:**
Unter dem Motto „Neue Kunst in alten Mauern" fand von Donnerstag, den 05. August bis Samstag, den 28. August 2010 in der Altstadt in der Lutherstadt Wittenberg zum fünften Mal die Aktion „Wittenberger Kunstwege" statt. 35 Geschäfte, aber auch die Sparkasse Wittenberg, nutzen ihre Schaufensterflächen und Räumlichkeiten als Galerien. Künstler aus Sachsen-Anhalt, Sachsen und Brandenburg zeigen in Läden und Schaufenstern ihre Werke. Die Bandbreite reicht von Malerei und Graphik über Glaskunst, Fayencen und Filzarbeiten bis hin zu kalligraphischen Kostbarkeiten und Kostümentwürfen.
**Sonstiges:** Begleitend zur Aktion gibt es Kunstwege-Stadtführungen.

**Kontakt:** Werbegemeinschaft Altstadt der Lutherstadt Wittenberg e.V., Sitz des Vereins: Mittelstr. 52 a, 6886 Lutherstadt Wittenberg, Tel: 03491/403050, info@modehaus-eule.de, www.werbegemeinschaft-wittenberg.de/index.php?option=com_content&view=article&id=51&Itemid=60

## 40. Sandskulpturen im City Carre Magdeburg

**Zeitpunkt:** Juli/August
**Thema:** Gewinnspiel: Sandskulpturen-Ausstellung

**Beschreibung:**
Magdeburger Sehenswürdigkeiten wurden stückweise in Sand nachmodelliert und sollen erraten werden. Die gesamten Gebäude werden als Foto dargestellt, so dass die Besucher wie beim Spiel Memory die Figuren zuordnen müssen.

**Kontakt:** WealthCap Real Estate Management GmbH, City Carré Magdeburg – Centermanagement, Kantstraße 3, 39104 Magdeburg, Tel.: 0391/5328011, Fax: 0391/5328002, info@city-carre-magdeburg.de

## 41. Women's Night, Bördepark Magdeburg

**Zeitpunkt:** Juni
**Thema:** Frauenalternativveranstaltung zur Fußball-WM

**Beschreibung:**
Musik, Massage, Make-Up, entspanntes Einkaufen mit Sektbar.

**Kontakt:** Werbegemeinschaft Börde-Park GbR, c/o EDEKA-Markt Minden-Hannover GmbH, Wittelsbacherallee 61, 32427 Minden, Tel.: 0571/8020 Börde-Park Magdeburg, Vermietung- und Centermanagement, Salbker Chaussee 67, 39118 Magdeburg, Tel.: 0391/6284916, Fax: 0391/6213487, tanja.himpel@minden.edeka.de, info@boerdepark.de

## 42. Torwandschießen Rathaus Passagen, Halberstadt

**Zeitpunkt:** Juni/August
**Thema:** Torwandschießen

**Beschreibung:**
Wohltätigkeitsveranstaltung in Form eines WM-Torwandschießens: Sechs Schuss für 1 Euro und die Einnahmen werden komplett an das Orientierungshaus Rauhes Haus sowie an die Kindermannschaft des FSV 1920 Sargstedt gespendet.

**Kontakt:** Werbegemeinschaft Rathauspassage GbR mbH, c/o Centermanagement, Holzmarkt 7, 38820 Halberstadt, Tel.: 03941/573780, Fax: 03941/5737830, info@rathauspassagen-halberstadt.de, www.rathauspassagen-halberstadt.de

## 43. Sommer in der Stadt, Barsinghausen

**Zeitpunkt:** Juni
**Thema:** Sommerfest und verkaufsoffener Sonntag

**Beschreibung:**
"Sommer in der Stadt": eine Sommerfestveranstaltung, die mit einem Thema (z.B. Spanien mit spanischer Musik, spanischem Essen) kombiniert wird.

**Kontakt:** Das Centrum e.V., Servicebüro, Tatjana Strecker, Osterstr. 5, 30890 Barsinghausen, Tel.: 05105/5844361, centrum.barsinghausen@gmx.de


## 44. Schlossparktage, Vechelde

**Zeitpunkt:** August
**Thema:** Musik, Show und verkaufsoffener Sonntag

**Beschreibung:**
Mehrtägiges Schlossparkfest, bei dem Musik und kulinarische Angebote für Erwachsene und Kinder kombiniert werden.

**Kontakt:** Werbegemeinschaft Vechelde, Stefan Ring, Hildesheimer Strasse, 38159 Vechelde, Daniel Goebel, goebel@pc-live.de, www.einkaufen-in-vechelde.de/aktionen/schlossparktage/


## 45. Fischmarkt und verkaufsoffener Sonntag, Königslutter

**Zeitpunkt:** Juni
**Thema:** Fischmarkt und verkaufsoffener Sonntag

**Beschreibung:**
Fischmarkt mit verkaufsoffenem Sonntag, Kinderprogramm (Spielmeile mit Bungee-Running, Hüpfburg, Torwandschießen sowie dem Spielmobil der AWO und einem Kinderkarussell).

**Kontakt:** Thomas Auksutat, Am Pastorenkamp 10, 38154 Königslutter, Tel.: 05353/2333, Fax: 05353/918533, thomas.auksutat@t-online.de, (Geben Sie bitte als Betreff Königslutter-aktiv an.), www.koenigslutter-aktiv.de/kontaktdaten.htm

## 46. Rock am Kauf Park, Göttingen

**Zeitpunkt:** Juli
**Thema:** Bandwettbewerb

**Beschreibung:**
Bandwettbewerb, der seit 2003 jährlich am Kauf Park in Göttingen ausgetragen wird. Bewerben können sich Nachwuchsgruppen, die nicht länger als vier Jahre zusammen spielen. Das Repertoire sollte überwiegend aus eigenen Stücken bestehen und eher rockig als poplastig sein. Zur Bewerbung gehören neben der Demo-CD eine Beschreibung der Band, die Namen der Mitglieder und welches Instrument sie spielen.

**Kontakt:** Werbegemeinschaft Kauf Park GbR, Andreas Gruber, Center Manager, Am Kauf Park 2, 37079 Göttingen, Tel.: 0551/998720, cm@kauf-park.de,


## 47. Zunft- und Handelsmarkt, Crimmitschau

**Zeitpunkt:** Juni
**Thema:** Zunft und Handelsmarkt

**Beschreibung:**
Handwerkermarkt mit mittelalterlichen Attraktionen wie Zauberei, Stelzenkunst, Straßenmusik, Artistik, Bauchtanz sowie verschiedene Aktionen der Geschäfte und Lokale in der gesamten Innenstadt

**Kontakt:** Werbegemeinschaft Crimmitschau e.V., Vors. Andrea Beres, Markt 1, 08451 Crimmitschau, Tel.: 03762/908000 (Wirtschaftsförderung Crimmitschau), info@crimmitschau.biz


## 48. Speed-Shopping, Elbepark Dresden

**Zeitpunkt:** Juli
**Thema:** Speed-Shopping

**Beschreibung:**
Das Einkaufszentrum Elbepark veranstaltet in Zusammenarbeit mit einem Hörfunksender ein Speed-Shopping bei dem innerhalb von 15 Minuten eingekauft werden muss.

**Kontakt:** Centermanager Sebastian Schneemann, Peschelstraße 33, 01139 Dresden, Tel.: 0351/8535611, Fax: 0351/8405206, centermanagement@elbe-park-dresden.de, www.elbepark.info/de/

## 49. Tag der Sicherheit ACC Chemnitz

**Zeitpunkt:** Juli
**Thema:** Verkehrssicherheitstag

**Beschreibung:**
Veranstaltung zum Thema „Sicherheit" in Kooperation mit der Verkehrswacht Sachsen e.V. (Fahrrad-Geschicklichkeitsturnier, Wissenstraße mit Gewinnspiel).

**Kontakt:** ACC Werbegemeinschaft, Annaberger Straße 315, 09125 Chemnitz, Tel.: 0371/523710, Fax: 0371/5202424, info@acc-chemnitz.de

## 50. Schiebocker Tage, Bischofswerda

**Zeitpunkt:** Juni
**Thema:** mehrtägiges Stadtfest

**Beschreibung:**
Jährlich wird die Veranstaltung im Juni durchgeführt, bei der eine Meisterschaft im Schiebockrennen (ältere Schubkarren), ein Marktplatz-Fest und am Sonntag ein abschließendes Feuerwerk vorgesehen sind.

**Kontakt:** Werbegemeinschaft Bischofswerda e.V., Vorstand Wieland Hantzsch, Altmarkt 8, 01877 Bischofswerda, Tel.: 03594/706740, Fax.: 03594/706783, wgbiw@creativ-design-werbung.de, http://www.bischofswerda-werbegemeinschaft.de, Oder: Stadtverwaltung Bischofswerda, Kulturamt, Altmarkt 1, 01877 Bischofswerda, Tel.: 03594/786150, Fax: 03594/786159, kultur@bischofswerda.de

## 51. Wunderwelt Ozeane, Chemnitz Center

**Zeitpunkt:** Juli
**Thema:** Meeresausstellung: Wunderwelt Ozeane

**Beschreibung:**
Große Aquarien mit exotischen Meeresbewohnern (Haie, Anglerfische), Ausstellung eines Expeditions-U-Boots.

**Kontakt:** Werbegemeinschaft GbR Chemnitz Center, Ringstraße 17, 09247 Chemnitz, Tel.: 03722/50460, Fax: 03722/504620, centermanagement@chemnitz-center.de, www.chemnitz-center.de

## 52. Römisches Streitwagenrennen, Neunkirchen

**Zeitpunkt:** Juni
**Thema:** Historienfest, Streitwagenrennen

**Beschreibung:**
Römisches Streitwagenrennen mit Geldpreisen für die Siegerteams. Der Streitwagen wurde eigens von einer Schlosserei angefertigt.

**Kontakt:** „Wir Neunkirchener" e.V., Manfred Gallitz, Waldstr. 5, 53819 Neunkirchen-Seelscheid, Tel.: 02247/300615, Fax: 02247/912996, info@wir-neunkirchener.de


## 53. „Traust Du Dich?", Reken

**Zeitpunkt:** August
**Thema:** Mutproben-Gewinnspiel am verkaufsoffenen Sonntag

**Beschreibung:**
Unter dem Motto *„Traust Du Dich"* wird eine Straße mit Mutproben (spezifisch für Höhenangst, Klaustrophobie, Zelt mit afrikanischen Heuschrecken etc.) aufgebaut. Wer die Mutproben besteht, hat die Chance an einem Gewinnspiel teilzunehmen. Da das Fest auf der Hauptstraße im Ortsteil Groß Reken der Gemeinde Reken stattgefunden hat, wurde die gesamte Straße gesperrt. Im Rahmen des Rekener Sommers wurden verschiedentliche Attraktionen von der RWG gebucht, so zum Beispiel eine große Kinderrutsche, eine mobile Kletterwand, diverse kleine Kinderspiele etc. In Zusammenarbeit mit den Mitgliedern wurden am Morgen des Veranstaltungssonntags ein Pool mit Siloplane und Strohblöcken, ein aufgeschütteter Sandstrand sowie eine Pyramide aus Strohblöcken gebaut. Der Wasserpool wurde von der örtlichen Feuerwehr organisiert.
**Kosten:** Aufgrund der guten Zusammenarbeit der einzelnen Institutionen kostete das gesamte Mühlenfest etwa 7.000 EUR. Die Zeit der Mitglieder der RWG wird dabei nicht berücksichtigt. Es dürften in Summe etwa 20h pro Person bei 15 Personen eingeflossen sein.

**Kontakt:** Rekener Werbegemeinschaft (RWG), Sabine Niewerth, Hauptstr. 3, 48734 Reken, Tel.: 02864/5806, sabineniewerth@aol.com, www.rekener-werbegemeinschaft.de

## 54. Open-Air-Kino, Pinneberg

**Zeitpunkt:** Juli
**Thema:** Open-Air-Kinotage

**Beschreibung:**
Viertägiges Open-Air-Kino bei freiem Eintritt.
**Vorlaufzeit:** Fast 10 Monate
**Aufwand:** 60 Stunden für Sponsorenakquise, Auswahl der Filme und Kurzfilme
Flyer (Auflage 10.000), **Kosten:** 8.900€

**Kontakt:** WirtschaftsGemeinschaft Pinneberg e.V., Michael Platt, Bismarckstr.
6, 25421Pinneberg, Tel.: 04101/373275, Fax: 04101/373277,
info@wg-pinneberg.de, www.wg-pinneberg.de

## 55. Lichterfest, Bodenwerder

**Zeitpunkt:** August
**Thema:** Lichterfest

**Beschreibung:**
Lichterfest mit abschließendem Feuerwerk. Dabei kommen die Besucher meist
gezielt zum Feuerwerk, so dass das Fest selbst komprimiert wurde, um direkt
auf diesen Höhepunkt hinzuleiten.

**Kontakt:** Werbegemeinschaft Bodenwerder für Handel, Handwerk, Industrie
und sonstiges Gewerbe e.V., Große Straße 27, 37619 Bodenwerder,
info@werbegemeinschaft-bodenwerder.de,
www.werbegemeinschaft-bodenwerder.de, www.dieweserbrennt.de

## 56. Tag der Umwelt, Kiel

**Zeitpunkt:** Juni
**Thema:** Umweltfest

**Beschreibung:**
Großes Einkaufsfest, das im Zeichen der Umwelt stattfindet und daher mit
abfallarmen Picknicktischen der ohenhin grünen Einkaufsmeile einen
besonderen Stellenwert gibt.

**Kontakt:** Die Holtenauer e.V., Holtenauer Straße 70–72, 24105 Kiel, Tel.:
0431/570200, E-Mail: info@die-holtenauer.de, www.die-holtenauer.de

## 57. Verrückte Einkaufsnacht in Worms

**Zeitpunkt:** Juni
**Thema:** Einkaufen bei Nacht

**Beschreibung:**
Englisches Rahmenprogramm für eine „verrückte Einkaufsnacht". Bis Mitternacht haben die Geschäfte in der Wormser Innenstadt geöffnet. Auf den zentralen Plätzen und in der Fußgängerzone bieten zahlreiche Aktionen ein eigenständiges Kultur- und Einkaufserlebnis. Die Verrückte Einkaufsnacht wurde unter dem Motto "Cool Britannia" mit Beatles-Cover-Band, Dudelsack-Gruppe, Guiness, Kilkenny, Fish&Chips und Irish Coffee durchgeführt.

**Kontakt:** Stadtmarketing Nibelungenstadt Worms e.V., Rathenaustraße 20, 67547 Worms, Projektleitung: Hans-Georg Pilz, Tel.: 06241/91174701, Fax: 06241/91174711, E-Mail: pilz@worms-marketing.de

## 58. Classics, Kaiserslautern

**Zeitpunkt:** August
**Thema:** Fahrzeugausstellung und lange Einkaufsnacht am Samstag

**Beschreibung:**
O dtimerausstellung in der Innenstadt, kombiniert mit Einkaufen bis 24:00 Uhr. Rahmenprogramm, Musik der 50er, 60er und 70er Jahre

**Kontakt:** Werbegemeinschaft "Kaiser in Lautern" e.V., Alexander Heß, Geschäftsführer, Fruchthallstr. 14, 67655 Kaiserslautern, Tel.: 0631/3653420, Fax: 0631/3653429, alexhess.events@gmx.de, www.werbegemeinschaft-kl.de

## 59. Räuberfest auf dem Schlossplatz, Simmern

**Zeitpunkt:** August
**Thema:** Simmern wird zur Räuberstadt

**Beschreibung:**
Räuberfest mit Räuberlager (Grill mit offenem Feuer, rustikalen Speisen und Getränken).

**Kontakt:** Werbegemeinschaft Simmern attraktiv e. V., Postfach 133, 55461 Simmern, Tel.: 06761/9657984, Fax: 06761/7277, vorstand@simmern-attraktiv.de, www.simmern-attraktiv.de

# Herbst

## 1. Heidelberger Schlossbeleuchtungen

**Zeitpunkt:** Sommer/Herbst
**Thema:** Lichterschau/Feuerwerk, Heidelberger Schlossbeleuchtungen

**Beschreibung:**
Zum Gedenken an die historische Zerstörung des Schlosses durch die Franzosen flackern dreimal im Sommer malerisch und gespenstisch die bengalischen Feuer an den Mauern der Ruine. Die Beleuchtung der schönen Fassade des Schlosses wird ergänzt durch ein festliches Brillant-Feuerwerk, das die ganze Altstadt in beeindruckenden Glanz taucht. Die Schlossbeleuchtung findet an drei Terminen im Jahr statt.

**Kontakt:** Heidelberg Marketing GmbH, Ziegelhäuser Landstraße 3, 69120 Heidelberg, Tel.: 06221/14220, Fax: 06221/142222, info@heidelberg-marketing.de

## 2. Postkartenaktion „Coburg - ich denk an Dich"

**Zeitpunkt:** Spätsommer, Aktionstag Oktober
**Thema:** Postkartenaktion des Stadtmarketings Coburg

**Beschreibung:**
Die Coburger Bürger werden in einer großangelegten Werbekampagne aufgefordert, im Urlaub auch an zuhause zu denken und Urlaubsgrüße aus Europa und der ganzen Welt in Form einer Postkarte in die Vestestadt zu schicken. Die Aufkleber mit dem Aufdruck „Coburg - ich denk an Dich" werden über Bürgerbüro, Stadtbibliothek und Geschäfte verteilt. Postkarten, die bis 15.09. eingehen, können an der Verlosung teilnehmen und im Oktober werden alle Postkarten an einem Aktionstag auf einer Wäscheleine aufgehängt.

**Kontakt:** Stadtverwaltung Coburg, Markt 1, 96450 Coburg, Tel.: 09561/890, Fax: 09561/891179, info@coburg.de

### 3. Offenburger Freiheitstag

**Zeitpunkt:** September
**Thema:** historisches Fest, Offenburger Freiheitstag

**Beschreibung:**
In Erinnerung an die Verkündigung der 13 Forderungen des Volkes am 12. September 1847 im damaligen Offenburger Gasthaus "Salmen" (darunter das Recht auf Pressefreiheit, Gewissens- und Lehrfreiheit, persönliche Freiheit sowie eine gerechte Besteuerung) feiert die Stadt Offenburg diesen Tag mit historischen Aufführungen und politischen Diskussionen.
**Bewertung:** Die enge Thematik gestattet jedoch nur eine begrenzte Mobilisierung großer Bevölkerungsgruppen.

**Kontakt:** Stadt Offenburg, Historisches Rathaus, Hauptstraße 90, 77652 Offenburg, Tel.: 0781/820, Tel.: 0781/827515, rathaus@offenburg.de, Dezernat III, Fachbereich 8, Kultur, Dr. Simon Moser, simon.moser@offenburg.de

### 4. Traunreuter Lichternacht

**Zeitpunkt:** September
**Thema:** Lichternacht

**Beschreibung:**
Beleuchtete Häuserfassaden, eine Modenschau und ein Nachtflohmarkt sind die Kernattraktionen der Traunreuter Lichternacht.

**Kontakt:** ARGE-Werbegemeinschaft Traunreut e.V., Postfach 1110, 83291 Traunreut, Fax/Tel.: 08669/901208

### 5. Eltmanner Kultur- und Einkaufsnacht

**Zeitpunkt:** September
**Thema:** Eltmanner Kultur- und Einkaufsnacht

**Beschreibung:**
Einkaufnacht, getragen vom mittelständischen Fachhandel und Handwerk. Einbeziehung von Schulen und Vereine, die sich mit eigenen Aktivitäten und Beiträgen vorstellen (z.B. Arbeiten aus dem künstlerischen Bereich präsentieren).
**Kontakt:** Werbegemeinschaft Eltmann, Vorsitzender: Helmut Bühl, Mainstraße 1, 97483 Eltmann, Tel.: 09522/496, Fax: 09522/707796, schuhbuehl@t-online.de, www.wge-eltmann.de

## 6. Bollmann-Bob-Cup

**Zeitpunkt:** Herbst
**Thema:** Out-Door-Spaßwettkampf: Bollmann-Bob-Cup

**Beschreibung:**
Auf den Schienen der Verkehrsbetriebe gehen unterschiedliche Gruppen mit ihren „Bob"-Fahrzeugen an den Start. Vierköpfige Teams (Mindestalter 18 Jahre, Startgebühr 20,00 Euro).

**Kontakt:** Citymanagerin Dana Bischof, dana.bischof@stg-brandenburg.de, Tel.: 03381/7963614.

## 7. Türme-Tag, Brandenburg/Havel

**Zeitpunkt:** September, Herbst
**Thema:** Aktion zum „Tag des offenen Denkmals"

**Beschreibung:**
Am „Tag des offenen Denkmals" können die Besucher den Ausblick auf die Stadt und die Umgebung genießen. Bei der Jubiläumsveranstaltung haben unter dem Motto: „Der Türme-Tag wird 10" Kindereinrichtungen der Stadt Brandenburg an der Havel Fahnen gebastelt, die am Veranstaltungstag ausgewählte Türme schmücken. Kinder können beim Besuch eines Turms Stempel in ihren „Turmpass" bekommen. Auf Wunsch wird auch eine geführte Fahrradtour zu den Türmen angeboten.

**Kontakt:** STG Stadtmarketing- und Tourismusgesellschaft Brandenburg an der Havel mbH, Neustädtischer Markt 3, 14776 Brandenburg an der Havel, Tel.: 03381/796360, Fax: -3620, info@stg-brandenburg.de, www.stg-brandenburg.de

## 8. Heidelberger Herbst

**Zeitpunkt:** Herbst/September
**Thema:** Altstadtfest, Kunsthandwerker- und Flohmarkt: Heidelberger Herbst

**Beschreibung:**
Großes Altstadtfest mit Kunsthandwerkermarkt, Flohmarkt und Kinderflohmarkt, Bühnen mit unterschiedlichen Musikstilrichtungen (Rock, Hip Hop, Schlager, Jazz), sowie Comedy, Schauspiel, Literatur und Straßenkunst. Auf dem Universitätsplatz findet ein Mittelaltermarkt statt.

**Kontakt:** Heidelberg Marketing GmbH, Tel.: 06221/1422210, Fax: 06221/142222, pfister@heidelberg-marketing.de

## 9. Erntedankfest, Wiesbaden

**Zeitpunkt:** Herbst
**Thema:** Bauernmarkt, Stadtfest, Erntedankfest

**Beschreibung:**
Das Erntedankfest der Wiesbadener Landwirtschaft und des Amts für Grünflächen, Landwirtschaft und Forsten ist an zwei Tagen von 10 bis 18 Uhr mit einem Bauernmarkt verbunden, auf dem sich landwirtschaftliche Erzeuger und Verbände vorstellen und frische Produkte vom Feld und aus dem Garten verkaufen. Neben musikalischer Unterhaltung wird Wissenswertes aus dem Bereichen Landwirtschaft und Handwerk (Präsentation alter Handwerkstechniken wie Korbmacher, Küfer, Schäfer und Töpfer) vermittelt. Kinderprogramm (Kinderbauernhof mit Streichelzoo, Klettern auf dem Strohballenberg, Baumscheibensägen mit der Zugsäge, Kutschfahrten durch den Park), Gewinnspiele runden die Veranstaltung ab. Zeitgleich findet das große Stadtfest in Wiesbaden statt.

**Kontakt:** Amt für Grünflächen, Gustav-Stresemann-Ring 15, 65189 Wiesbaden, Tel.: 0611 31-2901, Fax: 0611/313967, E-Mail: gruenflaechen-landwirtschaft-forsten@wiesbaden.de, **Kontakt:** Wirtschaftsförderung (Stadtfest), Gustav-Stresemann-Ring 15, 65189 Wiesbaden, Tel.: 0611/313131, Fax: 0611/313922, E-Mail: service.wirtschaft@wiesbaden.de


## 10. Internationales Fest des Ausländerbeirats, Wiesbaden

**Zeitpunkt:** September/Spätsommer
**Thema:** Internationales Sommerfest des Ausländerbeirates

**Beschreibung:**
Der Ausländerbeirat, die ausländischen Vereine und andere Institutionen laden zum interkulturellen Dialog bei landestypischen Spezialitäten, bunten Folkloredarbietungen und Kunsthandwerk ein.

**Kontakt:** Ausländerbeirat – Geschäftsstelle, Alcide-de-Gasperi-Straße 2, 65197 Wiesbaden, Tel.: 0611/314422, 0611/312627, Fax: 0611/313946, auslaenderbeirat@wiesbaden.de

## 11. Fest für Körper und Sinne, Wiesbaden

**Zeitpunkt:** September
**Thema:** Integration von Menschen mit Handicap: Fest für Körper und Sinne

**Beschreibung:**
Fest für Menschen mit und ohne Behinderung (Gottesdienst, buntes Bühnenprogramm mit Musik, Show und Tanz). Mitmachaktionen locken die Gäste ohne Handicap dazu, etwas Ungewöhnliches auszuprobieren, so unter anderem im stockfinsteren Dunkelcafé zu recht zu kommen, den Rollstuhl-Parcours zu bewältigen oder Gebärdensprache zu erlernen. Behindertenorganisationen und Selbsthilfegruppen informieren über ihre Arbeit. Produkte aus Werkstätten werden zum Kauf angeboten. Das Fest wird vom Bistum Limburg in Kooperation mit der Stadt Wiesbaden und dem Arbeitskreis der Wiesbadener Behindertenorganisationen veranstaltet.

**Kontakt:** Amt für Soziale Arbeit, Koordinationsstelle für Behindertenarbeit, Tel.: 0611/313629, koordinationsstelle-fuer-behindertenarbeit@wiesbaden.de, Referat Seelsorge für Menschen mit Behinderung Tel.: 06431/295298, j.straub@bistumlimburg.de

## 12. Herbst- und Kunsthandwerkermarkt, Wiesbaden

**Zeitpunkt:** Herbst
**Thema:** Herbst- und Kunsthandwerkermarkt, verkaufsoffener Sonntag

**Beschreibung:**
Kombination von herbstlichen Ständen, Kunsthandwerkern und Erlebniseinkauf (bunte Palette von Kunsthandwerk mit Produkten wie Weinpräsente, Kräuter, Öle, Kerze, Imkereiartikel, Schmuck, herbstliche Gestecke, Blumen, Fensterbilder). Großes Rahmenprogramm mit Kinderspielen, Marchingbands und einem Kinderkarussell und vielem mehr.

**Kontakt:** Wiesbaden Marketing GmbH, Wilhelmstraße 46, 65183 Wiesbaden, Tel.: 0611/312499, Fax: 0611/313935, maerkteundevents@wiesbaden-marketing.de

## 13. "Fashion, Hair & Beauty", Darmstadt

**Zeitpunkt:** September
**Thema:** verkaufsoffener Sonntag zum Thema "Fashion, Hair & Beauty"

**Beschreibung:**
Darmstädter Innenstadt als großer Laufsteg. Modetrends auf mehreren Bühnen und Verkauf bis 19:00 Uhr (Samstag und Sonntag).

**Kontakt:** Darmstadt Citymarketing e.V., Im Carree 1 (3.OG), 64283 Darmstadt, Tel.: 06151/134520, Fax: 06151/134529, citymarketing@darmstadt.de, www.darmstadt-citymarketing.de

## 14. Umbrisch-Provenzalischer Markt, Tübingen

**Zeitpunkt:** September
**Thema:** Stadtfest mit Partnerstädten: Umbrisch-Provenzialischer Markt

**Beschreibung:**
Die beiden Partnerstädte Aix-en-Provence in Frankreich und Perugia in Italien locken mit Baguette und Bouillabaisse oder Pasta und Porchetta, dazu winken schwäbische Spezialitäten aus Tübingen. Bei der viertägigen Veranstaltung werden darüber hinaus Lederwaren, Schmuck und Textilien angeboten. Kulturelle Beiträge aus den Partnerstädten (Straßentheater, Gaukler, Musik von traditionell bis modern).
**Kontakt:** Handel- & Gewerbeverein Tübingen, Holzmarkt 7, 72070 Tübingen, Tel: 07071/687536, Fax: 07071/687537, info@hgv-tuebingen.de, www.hgv-tuebingen.de

## 15. „Stadtpiraten und Wasserratten", Ingolstadt

**Zeitpunkt:** September
**Thema:** Kindertag: "Stadtpiraten und Wasserratten"

**Beschreibung:**
Das Kinderfest unter dem Motto „Piraten" sieht neben Kinderschminken (Piratenlook) einen Piratenmarsch durch die Innenstadt und Schatzsuche (Schatzkarte für die Suche nach den versteckten Buchstaben in den Innenstadtgeschäften) vor. Bühnenshow mit Modenschauen, Tanzauftritte sowie Liedbeiträge von heimischen Kindertageseinrichtungen, Wasserwelt aus verschiedenen Hüpfburgen, Kinderrennbahn und Bungee-Trampolin, Magnetfische angeln.
**Kontakt:** IN-City e.V., Mauthstr. 6½, 85049 Ingolstadt, Tel.: 0841/936620, Fax: 0841/936622, hellwig@in-city.de

## 16. Französischer Gourmetmarkt, Passau

**Zeitpunkt:** September
**Thema:** Französischer Gourmetmarkt

**Beschreibung:**
Zwölf Händler aus Frankreich bieten vier Tage lang landestypische Produkte aus verschiedenen Regionen Frankreichs an (Wein aus dem Elsass, Käse, Schinken und Wurstsorten aus dem Baskenland, Plätzchen und Cidre aus der Bretagne, Oliven- und Feigenbrot aus der Provence, Hartwurst und Käse aus der Savoye, Käse aus den Pyrenäen, Seife aus Marseille, Tischdecken aus der Provence, Oliven, Trockenfrüchte, Tapenade aus Südfrankreich und Flammkuchen aus dem Elsass).

**Kontakt:** City Marketing Passau, Große Klingergasse 4, 94032 Passau, Tel.: 0851/4905290, www.cmp.citygutschein-passau.de

## 17. High-Heels-Contest beim Midnight Shopping, Passau

**Zeitpunkt:** September
**Thema:** lange Einkaufsnacht, Midnight Shopping

**Beschreibung:**
„Midnight Shopping" bis 24 Uhr und Tags darauf großer „Tag des Sports" in der Innenstadt. Als besonderes Event bei der langen Einkaufsnacht findet ein Rennen von Frauen auf „High Heels" statt (Strecke 200 Meter, Schuhe: Mindestabsatzhöhe 7 Zentimeter, Absatzbreite maximal 1,5 Zentimeter; Einkaufsgutscheine im Wert von 300, 200 und 100 Euro; Sonderpreise für das schönste bzw. originellste Outfit). Musik von Nachwuchsbands, Modenschauen.

**Kontakt:** City Marketing Passau, Große Klingergasse 4, 94032 Passau, Tel.: 0851/4905290, http://www.cmp.citygutschein-passau.de

## 18. Luftnacht, Amberg

**Zeitpunkt:** September
**Thema:** Themenabend, verkaufsoffener Abend: Luftnacht im Luftkunstort Amberg

**Beschreibung:**
Unter dem Motto: „Luft erleben, Luft sehen, Luft hören, Luft begreifen" wird die lange Kunst- und Einkaufsnacht in Amberg durchgeführt. Programm aus Luftkunst Luftmusik und Luftkulinarik. Geschäfte haben bis 23 Uhr. Gewinnspiel: „Durch die Amberger Lüfte schweben", bei dem der Stadtmarketing Amberg e.V. Heißluftballonfahrten verlost.

**Kontakt:** Stadtmarketing Amberg e.V., Geschäftsstelle Birgit Plößner, Rathaus, 2. Stock, Zimmer 204,Marktplatz 11, 92224 Amberg, Tel.: 09621/10274, Fax: 09621/10310, stadtmarketing@amberg.de, www.stadtmarketing-amberg.de

## 19. Baustellen-Modeschau, Coburg

**Zeitpunkt:** Herbst
**Thema:** Baustellen-Modenschau

**Beschreibung:**
In einem Sanierungsgebiet präsentieren sechs Modegeschäfte Herbst-Winterkollektionen. Die Aktion ist eingebettet in einen Mode-Freitag unter dem Titel „Coburg zieht an" mit musikalischen und tänzerischen Showeinlagen.

**Kontakt:** Stadtverwaltung Coburg, Markt 1, 96450 Coburg, Tel.: 09561/890, Fax: 09561/891179, info@coburg.de

## 20. Museumsnacht – Nacht der Kontraste

**Zeitpunkt:** September
**Thema:** Museumsnacht

**Beschreibung:**
Nach dem Prinzip „Kunst, Kultur und Kulinarik an 20 Orten" wird ein Programm angeboten mit Führungen, Kurzvorträgen und Mitmachaktionen. Eintritt 6 Euro, Vorverkauf 5 Euro; inkl. freie Fahrt in den Museumsbussen, Kinder bis 14 Jahre haben freien Eintritt.
**Kontakt:** Stadtverwaltung Coburg, Markt 1, 96450 Coburg, Tel: 09561/890, Fax: 09561/891179, info@coburg.de

### 21. Coburger Klößmarkt

**Zeitpunkt:** September
**Thema:** Kulinarisches Stadtfest: Coburger Klößmarkt

**Beschreibung:**
„Alles rund um den Kloß" ist das Motto der dreitägigen Veranstaltung (Gastroangebote, Musik etc.).

**Kontakt:** Stadtverwaltung Coburg, Markt 1, 96450 Coburg, Tel: 09561/890, Fax: 09561/891179, info@coburg.de


### 22. Coburg macht blau

**Zeitpunkt:** September
**Thema:** Verkaufsoffenes Wochenende: Coburg macht blau

**Beschreibung:**
Typisches verkaufsoffenes Wochenende (Musik, Kulinarik, Gewinnspiele, Angebote), kombiniert mit dem Thema „blau".

**Kontakt:** Stadtverwaltung Coburg, Markt 1, 96450 Coburg, Tel.: 09561/890, Fax: 09561/891179, info@coburg.de


### 23. Nacht der Wirtschaft, Eberswalde

**Zeitpunkt:** September
**Thema:** Stadtfest/Gewerbeschau: Lange Nacht der Wirtschaft

**Beschreibung:**
Kraftpakete in unserem Alltag - Geschicklichkeit im Verbund - Box dich durch
Ein Themenmarkt mit Technik für den Alltag wird mit Musik und kulinarischen Angeboten kombiniert. Mit dabei sind eine Spedition, ein Pannenhilfe-Abschleppdienst, ein Holzrückeunternehmen etc. Für die Besucher wird ein Geschicklichkeitsparcours angeboten.
**Sonstiges:** Die lange Nacht der Wirtschaft findet in fünf Städten gleichzeitig statt (Cottbus, Eberswalde, Frankfurt/Oder, Jüterbog, Neuruppin).

**Kontakt:** Stadt Eberswalde, Breite Straße 41-44, 16225 Eberswalde, Tel.: 03334/64-0, Fax: 03334/64119, E-Mail: stadtverwaltung@eberswalde.de, www.eberswalde.de, www.lange-nacht-der-wirtschaft.de

## 24. Isarinselfest

**Zeitpunkt:** September
**Thema:** Bürgerfest: Isarinselfest

**Beschreibung:**
Große Live-Musikbühne, Gastronomie-Stände, Turniere auf den Grünflächen, Opern-Air-Ausstellungsraum, gemeinnützige Vereine stellen sich mit ihren Infoständen vor.

**Kontakt:**
Isarinselfestverein e.V., Gravelottestr. 8, 81667 München, Tel.: 089/45832156, Fax: 089/45832200, kontakt@isarinselfest.de, www.isarinselfest.de


## 25. Mittelalterliches Bürgerfest in Schweinfurt

**Zeitpunkt:** September
**Thema:** Historienfest: Mittelalterliches Bürgerfest in Schweinfurt

**Beschreibung:** Ein historisches Fest mit Gauklern, Musikern, Tänzern, Handwerkern und Rittern. Zahlreiche Gruppierungen und Einzelakteure wie die Schweinfurter Bürgervereine, „Freyes Burgvolk zu Künsperg", „Turneydrachen", Schlossfreunde sowie eine mittelalterliche Gruppe aus der Partnerstadt Châteaucun wirken dabei mit.

**Kontakt:** Stadt Schweinfurt: Pressestelle, pressestelle@schweinfurt.de


## 26. Original Hamburger Fischmarkt in Offenburg

**Zeitpunkt:** Sommer/Herbst
**Thema:** Original Hamburger Fischmarkt

**Beschreibung:**
Hamburger Marktschreier-Ikonen zeigen auf dem Offenburger Marktplatz ihr Können. (Ähnliche Veranstaltungen gibt es in mehreren deutschen Städten.)

Kontakt: Stadt Offenburg, Historisches Rathaus, Hauptstraße 90, 77652 Offenburg, Tel.: 0781/82-0, Fax: 0781/827515, rathaus@offenburg.de

## 27. Antikmarkt, Bamberg

**Zeitpunkt:** Oktober/Tag der deutschen Einheit
**Thema:** Antikmarkt Bamberg

**Beschreibung:**
Antikmärkt, dessen Erlös in voller Höhe für gemeinnützige Zwecke in Bamberg gespendet wird.

**Kontakt:** Bürgerverein Bamberg Mitte, Sabine Sauer (Marktleitung), Weide 7, 96047 Bamberg


## 28. Kehler Herbstfest

**Zeitpunkt:** Herbst
**Thema:** Herbstmarkt, Automeile, verkaufsoffener Sonntag

**Beschreibung:**
Bauernmarkt mit Obst, Gemüse und Selbstgemachtem. Autohäuser sind mit eingebunden.

**Kontakt:**
Kehl Marketing GmbH, Fiona Härtel, Geschäftsführerin, Hauptstraße 22, 77694 Kehl, Tel.: 07851/881500, Fax: 07851/881501, f.haertel@marketing.kehl.de


## 29. Krimi-Festival, Gießen

**Zeitpunkt:** Herbst
**Thema:** Literaturfestival: Krimifestival

**Beschreibung:**
Lesungen mit bekannten Krimi-Autoren, Begegnungen mit Tatort-Kommissaren, Vorträge und andere Veranstaltungsformen "auf den Spuren des Verbrechens" bietet das Krimifestival, das alljährlich im Oktober an verschiedenen Veranstaltungsorten (in Buchhandlungen, Banken, Gaststätten, Hotels u. ä.) stattfindet.

**Kontakt:** ulish - Agentur für Öffentlichkeitsarbeit, Uwe Lischper, Gnauthstraße 5, 35390 Gießen, Tel.: 0641/72860, ulish@web.de

**30. Enjoy Jazz - Internationales Festival für Jazz und Anderes, Rhein-Neckar-Raum**

**Zeitpunkt:** Oktober-November
**Thema:** Musikfestival: Enjoy Jazz

**Beschreibung:** Veranstaltungsreihe in Heidelberg, Mannheim und Ludwigshafen (über 60 Konzerte, Masterclasses, Matineen, Vortragsreihen und Partys) während der sechswöchigen Festivalzeit.

**Kontakt:** ENJOY JAZZ GmbH, Bauamtsgasse 5, 69117 Heidelberg, Tel.: 06221/5835850, Fax: 06221/5835770, info@enjoyjazz.de, www.enjoyjazz.de

**31. Mantelsonntage (div. Städte, z.B. Mainz, Lahr etc.)**

**Zeitpunkt:** Oktober
**Thema:** Verkaufsoffener Sonntag/Stadtfest

**Beschreibung:** Die Mantelsonntage im Oktober haben eine alte Tradition: Früher kamen die Menschen aus dem Umland in die Stadt, um sich mit warmer Winterkleidung auszustatten. Heute steht neben dem verkaufsoffenen Sonntag die Unterhaltung im Vordergrund.

**Kontakt:** Mainz City Management e.V., Schillerplatz 7, 55116 Mainz, Tel.: 06131/2621900, Fax: 06131/2621901, info@mainz-citymanagement.de

**32. Schängelmarkt, Koblenz**

**Zeitpunkt:** September
**Thema:** Stadtfest/Volksfest: Schängel- und Handwerkermarkt

**Beschreibung:** Kunsthandwerkermarkt, Burgunderfest, Spielplatz, Musik (Orchester, Kammermusik, Kinderkonzert). Programm auf 5 Bühnen, Kosten von ca. 70.000 €.

**Kontakt:** Nicole Volmer, City Managerin, Koblenz-Stadtmarketing GmbH, Bahnhofplatz 7, 56068 Koblenz, Tel.: 0261/3038836, Fax: 0261/3038811, info@koblenz-stadtmarketing.de

## 33. Herbstmarkt, Hohenstein

**Zeitpunkt:** Oktober
**Thema:** Herbstmarkt

**Beschreibung:**
Herbstmarkt am ersten Oktoberwochenende. Mischung aus Markt und Volksfest, mit Gourmetmeile, Partyzone und Künstlermarkt.
**Kontakt:** Wir von der Aar, GEWERBE HOHENSTEIN e.V., Gartenfeldstr. 8, 65329 Hohenstein, Tel.: 06120/3527, www.gvhohenstein.de


## 34. Halloween City-Parade, Kaiserslautern

**Zeitpunkt:** 31.10.
**Thema:** Halloween-Stimmung tagsüber in der Innenstadt

**Beschreibung:**
Verbunden mit der keltischen Tradition in Kaiserslautern transportieren spezielle kulinarische und musikalische Angebote das Thema Halloween bereits tagsüber in der Innenstadt.
**Kontakt:** Werbegemeinschaft "Kaiser in Lautern" e.V., Alexander Heß, Geschäftsführer, Fruchthallstr. 14, 67655 Kaiserslautern, Tel.: 0631/3653420, Fax: 0631/3653429, alexhess.events@gmx.de, www.werbegemeinschaft-kl.de


## 35. Marmer Woche, Bad Marienberg

**Zeitpunkt:** eine Woche im Oktober
**Thema:** Aktionswoche um Kunst, Kultur, Genuss und Shopping
**Beschreibung:**
- „Kunst auf der Gass" Eröffnung der Kunstmeile im Foyer der Kreissparkasse, Kunst- und Unterhaltungs-Aktionen auf der gesamten Bismarckstraße: Von Graffitti bis Kettensäge!
- Verkaufsoffener Sonntag, Herbst- und Schnäppchenmarkt
- Live-Musik im Zelt mit den Lasterbacher Musikanten auf dem neuen Marktplatz, Lange Theke mit Oktoberfest und Live-Musik
- Live-Musik im Zelt mit den Top Sounds auf dem neuen Marktplatz
- Kräuterwind-Gartenmarkt und Pflanzentauschbörse im und um das Zelt auf dem neuen Marktplatz

**Kontakt:** Werbegemeinschaft Bad Marienberg e.V., Bismarckstraße 32c, 56470 Bad Marienberg, Tel.: 02661/1897, kontakt@werbegemeinschaft-bad-marienberg.de, www.werbegemeinschaft-bad-marienberg.de

124

## 36. Lukasmarkt, Mayen

**Zeitpunkt:** Oktober
**Thema:** Volksfest, Jahrmarkt, Pferde-, Schafmarkt und verkaufsoffener Sonntag

**Beschreibung:**
Der Lukasmarkt als traditionelles Innenstadtvolksfest mit attraktiven Volksfestgeschäften (Hoch- und Rundfahrgeschäfte, Laufgeschäfte, Kinderkarussells, Ponybahn, Verlosungen und Schießwagen sowie Süßwaren, Imbisswagen und Getränke). Neben dem Kram- und Vergnügungspark finden nur wenige hundert Meter neben dem Festplatz auf dem Viehmarktplatz in der Polcher Straße dienstags ein Pferdemarkt und mittwochs ein Schafmarkt statt. Der erste Lukasmarktsonntag ist zudem verkaufsoffen, die Mayener Einzelhändler präsentieren von 13.00 Uhr bis 18.00 Uhr dem Publikum ihre Warenangebote.

**Kontakt:** MY - Die Mayener Kaufleute, Geschäftsführung: Ulrich Küster, Marktplatz 16, 56727 Mayen, Tel.: 02651/98880, u.kuester@mayener-kaufleute.de, www.mayener-kaufleute.de

## 37. Entenrennen, (diverse Orte. z.B. Sayn, Ettenheim...)

**Zeitpunkt:** September
**Thema:** Entenrennen und Enten-Design-Wettbewerb

**Beschreibung:**
Neben dem Rennen der gelben Plastikenten, das in Sayn an einem Sonntag ausgetragen wird, gibt es parallel zum Rennen einen Design-Wettbewerb, bei dem eine prominente Jury die 3 schönsten Enten prämiert. Erstmals gibt es 3 Kategorien: für Kinder bis 12 Jahre, für Jugendliche bis 16 Jahre und Erwachsene ab 17 Jahre. Der Reinerlös aus dem Entenverkauf fließt an die Kindergärten von Bendorf, Sayn Mühlhofen und Stromberg sowie an den Ortsvereinring Sayn - zum Erhalt des Burgen und Parkfestes. Veranstalter des Entenrennens ist die Werbegemeinschaft Aktiv-Sayn.

**Kontakt:** Kontakt: Werbegemeinschaft "Aktiv Sayn", Koblenz-Olper-Str. 80, 56170 Bendorf-Sayn, Tel.: 02622/3137, Fax: 02622/13977, info@aktiv-sayn.de, www.aktiv-sayn.de

## 38. Kindertag, Pinneberg

**Zeitpunkt:** September
**Thema:** Kinderfest: Kindertag in Pinneberg

**Beschreibung:**
Unterschiedliche Kinderaktionen: Entenwerfen, Seifenblasen, Ponyreiten, Kinderschminken, Kletterwand, Hüpfburg, Hüte basteln und Kindertheater. Kooperation unterschiedlicher Vereine und Institutionen unter Federführung des Vereins "Pinneberger Kinder" und der Stadtverwaltung.
**Aufwand:** Der Pinneberger Kindertag wird seit 15 Jahren von vielen Vereinen und ehrenamtlichen Helfern durchgeführt. Die Sponsoren stehen seit Jahren fest und sind immer die gleichen. **Kosten:** 6.500€
**Bewertung:** Der Pinneberger Kindertag ist bis weit über die Kreisgrenzen hinaus bekannt. Es ist der größte Kindertag in Schleswig Holstein. Die Veranstaltung ist seit Jahren erfolgreich, da die Kinder an diesem Tag alle Angebote "kostenlos" nutzen können.

**Kontakt:** WirtschaftsGemeinschaft Pinneberg e.V., Michael Patt, Bismarckstr. 6, 25421 Pinneberg, Tel. 04101/373275, Fax: 04101/373277, info@wg-pinneberg.de, www.wg-pinneberg.de


## 39. Kulturherbst, (diverse Städte, z.B. Kiel, Ettenheim etc.)

**Zeitpunkt:** September-Oktober
**Thema:** Kulturherbst in der Holtenauer in Kiel

**Beschreibung:**
Lesungen, Theater, Kino, Musikveranstaltungen und Ausstellungen zeigen die ganze Bandbreite dessen, was Geschäfte und Anlieger der Holtenauer Straße zu bieten haben. Schauspielhaus, Kino, Kirche, Sportverein, Altenzentrum, Gastronomie und die beteiligten Geschäfte leisten ihren Beitrag.

**Kontakt:** Die Holtenauer e.V., Marten Freund, Holtenauer Straße 70–72, 24105 Kiel, Tel.: 0431/570200, info@die-holtenauer.de, www.die-holtenauer.de

## 40. Luegalleefest Oberkassel

**Zeitpunkt:** Oktober
**Thema:** Stadtfest

**Beschreibung:** Mix aus Veranstaltungen von Jazz-Frühschoppen, Konzerten, Puppentheater, Podiumsdiskussion zu lokalen Themen, Gewinnspiele

**Kontakt:**
Wir in Oberkassel e.V., Luegallee 103, 40545 Düsseldorf,
info@wirinoberkassel.de, www.wirinoberkassel.de


## 41. Powerwoche, Paderborn

**Zeitpunkt:** September
**Thema:** Paderborner Feuerzauber, lange Öffnungszeiten in der Power-Woche (bis 24 Uhr)

**Beschreibung:** "Paderborner Feuerzauber" als Leitmotiv der Power-Woche, mit 96 Feuershows in der Innenstadt. Aktionen auf 16 Bühnen.

**Kontakt:**
Werbegemeinschaft Paderborn e.V., Postfach 2707, 33057 Paderborn,
info@paderborn-erleben.de, www.paderborn-erleben.de


## 42. Altstadtfest, Recklinghausen

**Zeitpunkt:** September
**Thema:** Altstadtfest mit verkaufsoffenem Sonntag

**Beschreibung:**
Viertägiges Stadtfest (inkl. verkaufsoffenem Sonntag)

**Kontakt:**
Werbegemeinschaft Recklinghausen e.V., Postfach 10 20 32, 45620
Recklinghausen, info@werbegemeinschaft-recklinghausen.de,
www.werbegemeinschaft-recklinghausen.de

## 43. Wein- und Wildtage, Oerlinghausen

**Zeitpunkt:** September
**Thema:** Wein- und Wildtage mit verkaufsoffenem Sonntag

**Beschreibung:**
Den verkaufsoffenen Sonntag im Herbst mit einem saisonalen, gastronomischen Thema zu besetzen liegt in der Tradition der Herbstveranstaltung der Werbegemeinschaft (Weinmarkt, Kartoffelfest, Apfelfest).

**Kontakt:** Werbegemeinschaft Oerlinghausen e.V., Thomas Hess, Hauptstrasse 19, 33813 Oerlinghausen, Tel.: 05202/3761, Fax: 05202/998115, info@werbegemeinschaft-oerlinghausen.de, http://www.werbegemeinschaft-oerlinghausen.de

## 44. Pieper-Oktoberfest, (diverse Orte in der Saisontradition von München, z.B. Saarlouis)

**Zeitpunkt:** Oktober
**Thema:** Oktoberfest in Saarlouis

**Beschreibung:**
Oktoberfest im Bierzelt

**Kontakt:** Kreisstadt Saarlouis, Großer Markt 1, 66740 Saarlouis, Tel.: 06831/4430, Fax: 06831/443653, kreisstadt@saarlouis.de, www.saarlouis.de

## 45. ACC Herbstspektakel mit Drachenbasteln, Chemnitz

**Zeitpunkt:** September – Oktober
**Thema:** Herbstspaß im ACC, währenddessen mehrere Preisaktionen der Geschäfte

**Beschreibung:**
Bastelaktion im Einkaufszentrum ACC, der Bastler/die Bastlerin des schönsten Drachens gewinnt einen Chemnitz-Rundflug für drei Personen.

**Kontakt:** ACC Werbegemeinschaft, Annaberger Straße 315, 09125 Chemnitz, Tel.: 0371/523710, Fax: 0371/5202424, info@acc-chemnitz.de

## 46. Hansetage, Braunschweig

**Zeitpunkt:** September
**Thema:** Historienfest: Hansetage mit verkaufsoffenem Sonntag

**Beschreibung:**
Das Leben der Braunschweiger Patrizier und Welfen auf dem historischen Burgplatz. Historische Szenarien und allerlei Schauspiel verbinden an diesem Wochenende das moderne und alte Braunschweig in der Innenstadt.

**Kontakt:** Stadt Braunschweig, Platz der Deutschen Einheit 1, 38100 Braunschweig, Tel.: 0531/4701, stadt@braunschweig.de, http://www.braunschweig.de/kultur_tourismus/reiseangebote/individual/veranstaltungsarrangement_hansetage_2009.html,


## 47. Kürbisfest, (diverse Orte, z.B. Osterode)

**Zeitpunkt:** Oktober
**Thema:** Kürbisfest

**Beschreibung:**
Kürbisfest mit Verkaufsständen und Essens- und Getränkeangebot.

**Kontakt:** Werbegemeinschaft Osterode am Harz e.V., Olaf Brücke, Eisensteinstr. 13-15, 37520 Osterode am Harz, Tel.: 05522/9630, Fax: 05522/963333, o.bruecke@hsg-osterode.de, www.wego-online.de


## 48. Umweltfest mit Öko-Markt, Mühlhausen

**Zeitpunkt:** September
**Thema:** Ergänzung zum Tag des offenen Denkmals – Umweltfest
**Beschreibung:**
In Ergänzung zum europaweiten "Tag des offenen Denkmals" - ein Umweltfest mit Öko-Markt. Heimische Handwerker zeigen ihr Leistungsspektrum im Bereich des Umweltschutzes.
**Aufwand:** Recherche zu möglichen Teilnehmern entsprechend der Vorgabe, ökologische Orientierung der Händler/Vereine, Einladung Händler und Vereine, Anmeldeverfahren (Marktfestsetzung, Sondernutzung, Verkehrsrechtliche Anordnung etc.), Planung des thematischen Bühnenprogramms, Vertragsgestaltung Bühnenprogramm, Standplatzplanung und -vergabe durch SG Gewerbe/Marktwesen, Organisation Standbetreuung Stadtverwaltung, Umsetzung straßenverkehrsrechtliche Anordnung, Pressemitteilungen lokale

Medien und Internet, Ordern von Infomaterialien, Kontakt zu bundesweiten Aktionen ("Faire Woche" u.ä.) und Einbindung in das Umweltfest, Arbeiten des Bauhofs (Aufbau/Abbau, Beschilderung, Reinigung)

**Kosten:** 2.000€

**Bewertung:** Zwischen 1000 - 2000 Besuchern, alljährliche feste Terminierung auf den 2. Sonntag im September (Tag des offenen Denkmals) sichert gleichbleibend hohe Besucherzahlen, besonderer Anklang bei Vergabe von Pflanzengutscheinen (Kletterpflanzen) im Rahmen der Förderaktion "Grüne Wände braucht die Stadt" und reges Interesse an der bundesweiten Aktion "Faire Woche"

**Kontakt:** Andreas Weber, Postfach-Anschrift: Postfach 1243, 99962 Mühlhausen , Besucheradresse: Ratsstraße 25 (Hintergebäude), 99974 Mühlhausen, Tel.: 03601/452293, Fax: 03601/452157, kultur@stadtverwaltung.muehlhausen.de

# Winter

## 1. Internationales Filmfestival Mannheim-Heidelberg

**Zeitpunkt:** November
**Thema:** Kulturveranstaltung: Internationales Filmfestival Mannheim-Heidelberg

**Beschreibung:**
Rund 60 Erstlingswerke werden im Rhein-Neckar-Raum einem internationalen Fachpublikum vorgestellt.
Der internationale Wettbewerb des Festivals präsentiert ausschließlich Premieren und ist deshalb unter Filmeinkäufern und Verleihern ein äußerst beliebter Termin auf der Festivalagenda. Die ausgewählten Filme konkurrieren um den Großen Preis von Mannheim-Heidelberg für den besten internationalen Newcomer-Film, den Rainer Werner Fassbinder-Preis für den Film mit der ungewöhnlichsten Erzählstruktur sowie um den Spezialpreis der Internationalen Jury.

**Kontakt:** Internationales Filmfestival Mannheim-Heidelberg, Collini-Center, Galerie, 68161 Mannheim, Tel.: 0621/102943, 0621/152316, Fax: 0621/291564, info@iffmh.de,

## 2. Darmstadt – ein Wintermärchen

**Zeitpunkt:** Winter/November
**Thema:** verkaufsoffener Sonntag: "Darmstadt – ein Wintermärchen"

**Beschreibung:**
Stimmungsvolle Beleuchtung und ein winterlich-märchenhaftes Programm schaffen Atmosphäre zum Bummeln und Einkaufen. Die Geschäfte haben von 13 bis 19 Uhr geöffnet.

**Kontakt:** Darmstadt Citymarketing e.V., Im Carree 1 (3.OG), 64283 Darmstadt, Tel.: 06151/134520, Fax: 06151/134529, citymarketing@darmstadt.de, www.darmstadt-citymarketing.de

### 3. „Feuer & Eis", Darmstadt

**Zeitpunkt:** Winter
**Thema:** Late-Night-Shopping: "Feuer & Eis"

**Beschreibung:**
Unter dem Motto "Feuer & Eis" können Besucher der Darmstädter Innenstadt Ende November bis 23 Uhr ganz entspannt die ersten Weihnachtseinkäufe erledigen. Ein feuriges Programm und Faszinierendes aus Eis sorgen für eine ganz besondere Atmosphäre bei diesem Late-Night-Shopping.

**Kontakt:** Darmstadt Citymarketing e.V., Im Carree 1 (3.OG), 64283 Darmstadt, Tel.: 06151/134520, Fax: 06151/134529, citymarketing@darmstadt.de, www.darmstadt-citymarketing.de

### 4. Passauer Höllengeister

**Zeitpunkt:** Winter, November
**Thema:** Charity-Aktion: Passauer Höllengeister

**Beschreibung:**
Die „Passauer Höllengeister" treten auf und sammeln Geld für einen guten Zweck. Die Truppe (55 Mitglieder) macht jedes Jahr zu Beginn der Saison eine Benefizveranstaltung in der Fußgängerzone. Neben zwei Vorführungen und dem Auftritt der „Kinderhexen" verkaufen die Mitglieder der Gruppe aber auch Glühwein, Punsch und Gulaschsuppe.

**Kontakt:** City Marketing Passau, Große Klingergasse 4, 94032 Passau, Tel.: 0851/4905290, cmp@passau-marketing.de, www.cmp.citygutschein-passau.de

### 5. Märchenwelt Traunstein

**Zeitpunkt:** November/Dezember/Weihnachten
**Thema:** Märchenwelt Traunstein

**Beschreibung:**
Um sich von den Aktivitäten der Nachbarstädte abzugrenzen wurde die Traunsteiner Märchenwelt entwickelt, bei der weitere Partner (Vereine, städtische Einrichtungen, Schulen, etc.) langfristig eingebunden werden können. Mit 40 Märchenfiguren wurde im November 2009 gestartet. Als Ideengeber fungierte die Stadt Innsbruck, die seit über 10 Jahren ihre historischen Gassen mit Märchenfiguren ausstattet.
**Kontakt:** Werbegemeinschaft Traunstein, Postfach 1627, 83266 Traunstein, Tel.: 0861/9096605, Fax: 0861/2097171, www.werbegemeinschaft-traunstein.de

## 6. Einkaufen im Lichterglanz, Memmingen

**Zeitpunkt:** Winter
**Thema:** Langer Einkaufsabend: Einkaufen im Lichterglanz

**Beschreibung:**
An den letzten beiden Freitagen im Advent erstrahlt die Innenstadt von Memmingen im Lichterglanz und die Geschäfte haben bis 20 Uhr geöffnet. Mit unzähligen Lichtern und Kerzen werden Straßenzüge und Schaufenster dekoriert. Fackelstadtführungen und Feuershows auf den Plätzen stellen weitere Highlights dar.
**Bewertung:** Die Aktionen führen zu einer Belebung des Weihnachtsgeschäftes und erhöhen die Kundenattraktivität der Innenstadt.
**Erfolgsfaktoren:** Längere Öffnungszeiten sorgen für erhöhte Attraktivität für Kunden. Wichtig ist der Zusammenschluss der Gewerbetreibenden in den Straßenzügen in eigener Initiative.
**Sonstiges:** Die Koordination und die Organisation des Rahmenprogramms geschieht in enger Abstimmung zwischen mm-marketing e.V. und der Werbegemeinschaft. Die Dekoration der Schaufenster und der Straßenzüge wird von den Gewerbetreibenden in Eigenregie übernommen.
**Kontakt:** Werbegemeinschaft Junge Altstadt Memmingen e.V., Kontaktbüro Schrannenplatz 6, 87700 Memmingen, Tel.: 08331/109190, Fax: 08331/109102


## 7. Lebendiger Adventskalender, Herzogenaurach (Originalveranstaltung in Gengenbach)

**Zeitpunkt:** Weihnachten/Dezember
**Thema:** Lebendiger Adventskalender

**Beschreibung:**
Jahr für Jahr wird der lebendige Adventskalender Ende November in Form einer großen Bühne auf dem Marktplatz aufgebaut, damit pünktlich am 1. Dezember das erste Türchen geöffnet werden kann.
Was sich alles hinter den 24 Türen verbirgt, wissen nur ein paar Geheimnisträger, alle anderen tappen völlig im Dunkeln, sogar der Bürgermeister. Ab dem 1. Dezember wird es täglich um 17 Uhr richtig spannend auf dem Marktplatz.

**Kontakt:** Förder- & Werbegemeinschaft, Herzogenaurach e.V., Ruthild Schrepfer (Sprecherin), Bergstraße 39a, 91074 Herzogenaurach, Tel.: 09132/62416, Fax: 09132/737703, info@herzocity.de, www.herzocity.de
**Gengenbach:** Kultur- und Tourismus GmbH, Im Winzerhof, 77723 Gengenbach, Tel.: 07803/930143, Fax: 07803/930142, tourist-info@stadt-gengenbach.de

## 8. Weihnachtsmann-Parade, Brandenburg an der Havel

**Zeitpunkt:** Winter/Weihnachten
**Thema:** Weihnachtsmann Parade

**Beschreibung:**
Seit 1998 trifft man sich zur Weihnachtsmann-Parade in Brandenburg an der Havel. Es präsentieren sich den bis zu 80.000 Besuchern die Weihnachtsmänner und -frauen auf kreativ geschmückten und weihnachtlich beleuchteten Wagen. Bis zu 100 rollende Märchenbilder rollen, traben und laufen durch die Innenstadt.
**Sonstiges:** Es nehmen auch „prominente" Gäste an der Parade teil. Es gibt eine Radioshow und eine After-Show Party. Zum Abschluss der gigantische Weihnachtsmannparade erstrahlt der Brandenburger Abendhimmel im farbenfrohen Glanz, ein Feuerwerk vom Dach des Sankt-Annen-Centers verzaubert die vielen Besucher und Gäste aus ganz Deutschland.

**Kontakt:** Ecki Produktions TV-Medien & Showproduktion, Ziesarer Landstraße 163, 14776 Brandenburg an der Havel, Tel.: 03381/795822, Fax: 03381/224667, ecki_brb@web.de

## 9. Weihnachtsmarkt (diverse Städte, Heidelberg, Gießen etc.)

**Zeitpunkt:** Winter /Weihnachten
**Thema:** Heidelberger Weihnachtsmarkt

**Beschreibung:**
Weihnachtsmarkt in der Altstadt. **Sonstiges:** Weihnachtsmarktführung
**Kontakt:** Heidelberg Marketing GmbH, Ziegelhäuser Landstraße 3, 69120 Heidelberg, Tel.: 06221/14220,
Fax: 06221/142222, info@heidelberg-marketing.de
**Kontakt:** Gießen Marketing GmbH, Abt. Stadtmarketing, Südanlage 4, 35390 Gießen, Tel.: 0641/3061881, Fax: 0641/3061889

## 10. Sternschnuppenmarkt, Wiesbaden

**Zeitpunkt:** Winter
**Thema:** Sternschnuppenmarkt

**Beschreibung:**
Mehr als 140 Stände und vier große beleuchtete Tore präsentieren sich den Besucherinnen und Besuchern. Eine Krippe mit ihren lebensgroßen geschnitzten Holzfiguren und ein Musikprogramm auf einer Bühne vor dem Rathaus, Kinderbackstube und Eisenbahn gehören zu den Attraktionen.
**Kontakt:** Wiesbaden Marketing GmbH, Wilhelmstraße 46, 65183 Wiesbaden, Tel.: 061´/312499, Fax: 0611/313935, maerkteundevents@wiesbaden-marketing.de

## 11. „Weihnachten in Darmstadt"

**Zeitpunkt:** Winter/Weihnachten
**Thema:** Adventsaktion: "Weihnachten in Darmstadt"

**Beschreibung:**
Die Kunsthalle Darmstadt veranstaltet in Kooperation mit dem Citymarketing Darmstadt an den Adventssamstagen ein Angebot für alle Kinder von 6 bis 12 Jahren. Gemeinsam mit verschiedenen Künstlern kann von 14 bis 17 Uhr der Kreativität freien Lauf gelassen werden. Gepäckaufbewahrung für die Weihnachtseinkäufe. Kinderbetreuung in der Centralstation.

**Kontakt:** Darmstadt Citymarketing e.V., Im Carree 1 (3.OG), 64283 Darmstadt, Tel.: 06151/134520, Fax: 06151/134529, citymarketing@darmstadt.de, www.darmstadt-citymarketing.de

## 12. Weihnachtsmarkt mit Adventskalender am Naturkundemuseum, Reutlingen

**Zeitpunkt:** Winter/Weihnachten
**Thema:** Reutlinger Weihnachtsmarkt

**Beschreibung:**
Der Adventskalender am Naturkundemuseum Reutlingen ist ein einmaliges Highlight in Deutschland auf einem Weihnachtsmarkt. Illustriert von einem Künstler erfolgt eine optische Projektion mit Hightech-Optik. Weitere Attraktion: Eisplatz zum Schlittschuhlaufen und Eisstockschießen. Weihnachtskrippe und Streichel-Zoo (hinter der Marienkirche).
**Kontakt:** Julia Götz, Sachbearbeiterin, Tel.: 07121/3032838, lulia.goetz@reutlingen.de

## 13. Internationales Tübinger Schokoladenfestival

**Zeitpunkt:** Winter
**Thema:** Internationales Tübinger Schokoladenfestival

**Beschreibung:**
Das Schokoladen-Festival ist ein Markt, auf dem Schokoladen- Spezialisten aus Frankreich, Kolumbien, Italien, Österreich, Dänemark, Ghana, USA, Niederlande, Belgien, der Schweiz und ausgesuchte Häuser aus Deutschland ihre feinen Produkte vorstellen und verkaufen.

**Kontakt:**
chocolART, Tübingen erleben GmbH, Holzmarkt 7, 72070 Tübingen, Tel.: 07071/687536, Fax: 07071/687537, Hans-Peter Schwarz, Hans-Peter.Schwarz@chocolART.de, chocolART-Pressepartner
RSPS Agentur für Kommunikation GmbH, Bei der Kirche 2, 72074 Tübingen, Tel.: 07071/989840, Tel.: 07071/9898415, Mobil 0171/7700131, 0171/5406780, www.rsps.de

## 14. Mega-Samstag, Freiburg

**Zeitpunkt:** Winter
**Thema:** Langer Einkaufssamstag: Mega-Samstag Freiburg

**Beschreibung:** Einkaufen bis Mitternacht am Mega-Samstag. Ein umfangreiches Programm mit Livemusik, Gewinnspielen, Kindertheater und kulinarischen Genüssen soll Tausende von Besuchern in die Freiburger Innenstadt locken.

**Kontakt:**
Freiburg Wirtschaft Touristik und Messe GmbH & Co. KG, Rathausgasse 33, 79098 Freiburg, Tel.: 0761/3881880, Fax: 0761/37003, touristik@fwtm.freiburg.de

## 15. Nikolausstiefel-Aktion, Adventskino, Kehl

**Zeitpunkt:** Nikolaustag
**Thema:** Kehler Weihnachtszauber

**Beschreibung:**
Am 6. Dezember kommt der Nikolaus in die Kehler Innenstadt. Kinder aus Kehl und Umgebung können ihre sauberen Stiefel vorher bei der Stadtmarketing- und Wirtschaftsförderungs- GmbH abgeben. Von dort aus werden sie an den Nikolaus weitergeleitet, der sie mit vielen süßen Überraschungen füllt. Am Nikolaustag können die Kinder dann ihre gefüllten Stiefel in den Schaufenstern jener Einzelhandelsgeschäfte in der Innenstadt suchen, die den Nikolaus bei dieser Aktion unterstützen. Teilnehmen können alle Kinder bis 12 Jahre.

### Kehler Adventskino
Das Kehler Adventskino findet an allen Adventssamstagen statt und zeigt kostenlos Kinder- und Jugendfilme (bis 12 Jahre). Eltern können in dieser Zeit gemütlich und ohne Stress ihren Weihnachtseinkäufen nachgehen. Die genauen Filme und Uhrzeiten werden rechtzeitig über die Presse mitgeteilt. Patenschaften der Kindergärten für die Tannenbäume in der Innenstadt 2010

**Kontakt:** Kehl Marketing GmbH, Tourist-Information, Haupstraße 63, 77694 Kehl, Tel.: 07851/881555, Fax: 07851/881557, tourist-information@marketing.kehl.de

## 16. Weihnachtsgewinnspiel, Esslingen

**Zeitpunkt:** Winter/Weihnachten
**Thema:** Weihnachtsgewinnspiel

**Beschreibung:**
Alle Jahr wieder: In der Adventszeit bekommt Esslingen Gewinnspielfieber. Wer in den teilnehmenden Geschäften Glückspunkte sammelt und einklebt, nimmt automatisch an den Wochenziehungen und an der abschließenden Verlosung des Hauptpreises teil. Es besteht deher eine mehrfache Gewinnchance. Verlost werden Preise im Gesamtwert von mehr als 20.000 Euro - Hauptpreis ist ein Auto, gesponsert von einem Esslinger Autohaus. Das Weihnachtsgewinnspiel ist eine Aktion der Esslinger Zeitung in Kooperation mit der City Initiative Esslingen.

**Kontakt:** City Initiative Esslingen, Am Marktplatz 4/1, 73728 Esslingen am Neckar, Tel.: 0711/39693950, Fax: 0711/39693966, info@cityinitiative-esslingen.de, www.cityesslingen.de

## 17. Weihnachtsaktionen, Kaufberen

**Zeitpunkt:** Winter/Weihnachten
**Thema:** Weihnachtsmarkt: Kaufbeurer Weihnachtszauber

**Beschreibung:** Unterschiedliche Weihnachtsaktionen in der Innenstadt:
- Kaubeurer Weihnachtsweg, Ausstellung zum Thema "Weihnachtsbrauchtum"
- Größter Adventskranz der Welt am Neptunbrunnen
- Verhextes Knusperhäuschen in der Fußgängerzone

**Kontakt:** Tel.: 08341/40405, Fax: 08341/2743, tourist-info@kaufbeuren.de, www.kaufbeuren-marketing.de


## 18. Straubinger Wintermärchenwald, Adventskalender (vgl. Gengenbach, Reutlingen, Herzogenaurach)

**Zeitpunkt:** Winter/Adventszeit
**Thema:** Weihnachtsmarkt, Wintermärchenwald, Straubinger Adventskalender,

**Beschreibung:**
In Straubing wird ein Adventskalender an einer Bürgerhausfassade angebracht, die in unmittelbarer Nähe des Christkindlmarktes und des Stadtturms liegt. Die feierliche Eröffnung des Adventskalenders findet am 01.12. um 19 Uhr statt. Diese Attraktion ergänzt den beliebten Christkindlmarkt und den romantischen Wintermärchenwald. Jeweils eines der 24 Fenster des Adventskalenders mit einer Gesamtfläche von ca. 50 qm wird täglich um 19 Uhr feierlich geöffnet. Die beleuchteten Fenster stellen weihnachtliche Motive, aber auch Sehenswürdigkeiten Straubings und der Umgebung dar. Hinter jedem Fenster verbergen sich Tagespreise im Wert bis zu 300 Euro, die von den Geschäftsleuten aus Straubing und der Umgebung gestiftet worden sind. Die Warengutscheine werden nicht in bar ausbezahlt. Jeder, der für 1 Euro einen Teilnahmeschein am Verkaufspavillon oder im Leserservice des Straubinger Tagblatts erwirbt, kann an der Verlosung teilnehmen. Der Reinerlös wird einem sozialen Zweck, der Einrichtung „Freude durch Helfen", zur Verfügung gestellt. Die Lose können täglich von 10 bis 20 Uhr und Donnerstag bis 21 Uhr, Sonntag von 12 bis 20 Uhr am Losstand des Christkindlmarkts gekauft werden. Jedes Los nimmt an der entsprechenden Tagesverlosung und an der Gesamtverlosung teil. Am 23.12. um 19.15 Uhr kommen alle Teilnehmer der letzten 23 Tage in die Endverlosung für den Hauptpreis. Der Straubinger Adventskalender ist eine Kooperation zwischen dem Christkindlmarkt-Organisator Josef Stelzl und der Straubinger Ausstellungs- und Veranstaltungs GmbH.

**Kontakt:** Stadt Straubing, Postfach 0352, 94303 Straubing, Tel.: 09421/9440, Fax: 09421/944100, poststelle@straubing.de, http://www.straubing.de

## 19. Lebendkrippe, Passau

**Zeitpunkt:** Winter
**Thema:** Lebendkrippe an den Adventssamstagen

**Beschreibung:**
Zu einer traditionellen Stallweihnacht gehören auch lebende Tiere. In der Passauer Lebendkrippe befinden sich Esel, ein Kälbchen und Ziegen, die natürlich von den Kindern gestreichelt werden dürfen. Komplettiert wird das Bild durch Maria und Joseph, die von Passauer Studenten dargestellt werden.
**Kontakt:** City Marketing Passau, Große Klingergasse 4, 94032 Passau, Tel.: 0851/4905290, cmp@passau-marketing.de, www.cmp.citygutschein-passau.de

## 20. Böhmischer Weihnachtsmarkt, Babelsberg

**Zeitpunkt:** Weihnachten
**Thema:** Böhmischer Weihnachtsmarkt

**Beschreibung:**
Der Weihnachtsmarkt im Weberviertel stellt die Traditionen böhmischer Einwanderer dar. Nicht nur die Kulisse vor den ländlichen Weberhäusern beeindruckt, sondern auch die dargebotenen böhmischen Handwerkskünste, musikalischen Klänge und traditionellen Delikatessen.

**Kontakt:** Tourist-Information, Potsdam Tourismus Service, Am Neuen Markt 1, 14467 Potsdam, Tel.: 0331/27558-0, Fax: 0331/27558-29, www.potsdamtourismus.de, Veranstalter: COEX Veranstaltungs GmbH, Madlower Hauptstraße 10, 03050 Cottbus, Tel.: 0355/702313, Fax: 0355/795903, www.coex-gmbh.de

## 21. Schlachte-Zauber, Bremen

**Zeitpunkt:** Winter
**Thema:** Historisches Fest: Schlachte-Zauber

**Beschreibung:**
Historisches, winterliches, maritimes Fest an Bremens beliebter Bummelmeile. In Holzhütten werden Köstlichkeiten und Getränke aus verschiedenen Regionen angeboten. Frisch gebratene Heringe, würzige Elchbratwürste, Eintöpfe und heiße Cocktails. An winterlich geschmückten Marktständen bieten Kunsthandwerker individuelle Geschenkideen an.
**Kontakt:** Großmarkt Bremen GmbH, Am Waller Freihafen 1, 28217 Bremen, Tel.: 0421/53682-18/-19, Fax: 0421/5368220, kontakt@schlachte-zauber.de, www.schlachte-zauber.de

## 22. Holzmarkt, Passau

**Zeitpunkt:** Dezember/Winter
**Thema:** Holzmarkt

**Beschreibung:**
Traditioneller Holzmarkt in der Fußgängerzone zu den üblichen
Ladenöffnungszeiten an zwei Tagen im Dezember. Über 40 Aussteller bieten
alles rund um das Thema „Holz" an, wie beispielsweise
Korbwaren, Fässer und Holzschnitzereien. Dabei dürfen natürlich auch
kulinarische Angebote wie Käse, Brotschmankerl, Sengzelten und Krapfen nicht
fehlen.

**Kontakt:** City Marketing Passau, Große Klingergasse 4, 94032 Passau, Tel.:
0851/4905290, cmp@passau-marketing.de, www.cmp.citygutschein-passau.de/

## 23. Kunst- und Adventsmarkt, Mühlhausen

**Zeitpunkt:** Dezember
**Thema:** Kunst- und Adventsmarkt

**Beschreibung:**
Advents- und Kunstmarkt in historischer Kulisse. Eigene Programmangebote
des Kunstmarktes, wie z.B. Basteln, Spielen und Theater für Kinder, kleine
Konzerte sowie Angebote rund um Kunst und Handwerk.

**Kontakt:** Andreas Weber, Postfach 1243, 99962 Mühlhausen, Tel.:
03601/452293, Fax: 03601/452157, kultur@stadtverwaltung.muehlhausen.de

## 24. Adventseinkauf (verkaufsoffener Sonntag), Mühlhausen

**Zeitpunkt:** Anfang November
**Thema:** Adventseinkauf (verkaufsoffener Sonntag)

**Beschreibung:**
Verkaufsoffener Sonntag im Vorfeld der eigentlichen Adventszeit.

**Kontakt:** Gewerbering Mühlhausen e.V., Vorsitzender: Andreas Klemt, An der
Burg 23, 99974 Mühlhausen, Tel.: 03601/830830, info@gewerbering-
muehlhausen.de, www.gewerbering-muehlhausen.de/index.php/impressum.html

## 25. Lichtereinkauf, Laternenenumzug, Halle

**Zeitpunkt:** November
**Thema:** Lichtereinkauf, Laternenumzug und Kinderfest mit verkaufsoffenem Sonntag

**Beschreibung:**
Geschäfte der Innenstadt präsentieren von Freitag bis Sonntag ein buntes Programm, am Sonntag findet zudem ein verkaufsoffener Sonntag von 13 bis 18 Uhr statt. Dabei setzt das Programm auf die Themen Beleuchtung und Laternenumzug.
**Sonstiges:** www.youtube.com/watch?v=omYWWOkmwH8&hd=1

**Kontakt:** Werbegemeinschaft Hauptbahnhof Halle GbR, Axel Prescher, Vermarktungsmanager Halle (Saale) Hbf, DB Station&Service AG, Bahnhofsplatz 1, 06112 Halle (Saale), Tel.: 0345/2397438, Fax: 0345/2397447, Axel.Prescher@dbnetze.com


## 26. Modenschau Neefepark, Chemnitz

**Zeitpunkt:** Winter
**Thema:** Modenschau der Textil- und Schuhgeschäfte

**Beschreibung:**
Bei insgesamt 10 Modenschauen stellen Mieter des Neefeparks aus dem Textilbereich und die ansässigen Schuhgeschäfte ihre Frühjahrs-/Sommer-kollektion und Trends vor.

**Kontakt:** Neefepark Werbegemeinschaft, Im Neefepark 3, 09116 Chemnitz, Tel.: 0371/815350, Fax: 0371/8102064, info@neefepark.de


## 27. Weihnachten im Bördepark, Magdeburg

**Zeitpunkt:** Ende November bis Weihnachten
**Thema:** Weihnachten im Einkaufszentrum Bördepark

**Beschreibung:**
Veranstaltungsreihe an allen Adventswochenenden: Weihnachtsmann nimmt die Weihnachtswünsche der Besucher entgegen und steht für Erinnerungsfotos zur Verfügung. Ganz im Zeichen der Kreativität steht der darauffolgende Samstag mit einer weihnachtlichen Bastellounge. Der letzte Adventssamstag steht unter dem Thema „Nächstenliebe". Das Center hält weihnachtliche Postkarten – und für die ersten 300 Besucher auch die entsprechenden

Briefmarken – bereit, die direkt aus dem Center mit einem lieben Gruß an Familie, Freunde und andere geliebte Menschen verschickt werden können. Weiterhin wird den Kunden des Börde Park an allen Adventssamstagen ein abwechslungsreiches Unterhaltungsprogramm auf der weihnachtlichen Bühne geboten (kleine Theaterstücken, Tanzauftritte, Chorauftritte).

**Kontakt:** Werbegemeinschaft Börde-Park GbR, c/o EDEKA-Markt Minden-Hannover GmbH, Wittelsbacherallee 61, 32427 Minden, Telefon: 0571/8020, Ansprechpartner: Tanja Himpel, Börde-Park Magdeburg, Vermietung- und Centermanagement, Salbker Chaussee 67, 39118 Magdeburg, Tel.: 0391/6284916, Fax: 0391/6213487, tanja.himpel@minden.edeka.de, info@boerdepark.de

## 28. Weihnachtsgewinnspiel, Königslutter

**Zeitpunkt:** Adventstage
**Thema:** Bilderrätsel im Advent

**Beschreibung:**
Die Werbegemeinschaft lädt an 4 Adventstagen alle Lutteraner ein, sich am Stadtpodest zu treffen. An diesen 4 Adventstagen gibt es abends um 17 Uhr Punsch, Glühwein, Kekse und Musik und es werden dann jeweils gemeinsam Fenstertüren geöffnet. Öffnen sich die Fenstertüren, dann erscheinen Weihnachtsmotive. Die Anfangsbuchstaben der Motive ergeben das Lösungswort für das Adventsgewinnspiel.

**Kontakt:** Thomas Auksutat, Am Pastorenkamp 10, 38154 Königslutter, Tel.: 05353/2333, Fax: 05353/918533, thomas.auksutat@t-online.de, Betreff: Königslutter aktiv, www.koenigslutter-aktiv.de/kontaktdaten.htm

## 29. Martinsmarkt, (diverse Städte, z.B. Osterode, Ettenheim)

**Zeitpunkt:** Martinstag/Wochenende
**Thema:** Martinsmarkt (z.B. in der Stadthalle Osterode) mit verkaufsoffenem Sonntag.

**Beschreibung:**
Marktstände, kombiniert mit Schaustellern (Kinderkarussell etc.) oder wie in Osterode, Veranstaltung mit Nutzung von Hallenplätzen.

**Kontakt:** Werbegemeinschaft Osterode am Harz e.V., Olaf Brücke, Eisensteinstraße 13-15, 37520 Osterode am Harz, Tel.: 05522/9630, Fax: 05522/963333, o.bruecke@hsg-osterode.de

## 30. Göttinger EinkaufsART

**Zeitpunkt:** November
**Thema:** lange Einkaufsnacht: EinkaufsART - Kunst genießen und shoppen

**Beschreibung:**
Händler aus der Innenstadt öffnen bis 23 Uhr. Künstler können in einem Teil der Geschäftsräume ihre Kunstwerke präsentieren und zum Kauf anbieten.
**Vorlaufzeit:** 3-4 Monate

**Kontakt:** Pro-City GmbH Göttingen, Berliner Str. 6 A, 37073 Göttingen, Beate Behrens, Tel.: 0551/3848490, info@procity.de, www.pro-city.de


## 31. Glühweinfest Oschatz 2009

**Zeitpunkt:** November
**Thema:** Verkaufsoffener Sonntag: Glühweinfest, Laternenumzug

**Beschreibung:**
Glühweinfest mit verkaufsoffenem Sonntag und Lampionumzug, Vorlaufzeit: ca. 8 Wochen
**Aufwand:** Finanzieller Aufwand für Werbung und Glühwein. Die örtlichen Genehmigungen für den Markt und die Veranstaltungen sind nötig. Die Mitglieder verkaufen in Buden auf dem Markt Glühwein und Würstchen. Für den Laternenumzug ist eine Straßensperrung nötig und die Begleitung der Feuerwehr.
Kosten: ca. 2.500 €, Bewertung: Das Glühweinfest hat sich am besten etabliert - hier ist die Stadt wirklich mit Kind und Kegel zum Einkauf und Laternenumzug unterwegs.

**Kontakt:** Werbegemeinschaft Oschatz e.V., Hospitalstraße 9, 04758 Oschatz, Tel.: 03435/9766-0, www.werbegemeinschaft-oschatz.de/index.php, taschupa@t-online.de

## 32. Weihnachtsmanntreffen, Zittau

**Zeitpunkt:** Dezember
**Thema:** Weihnachtsmanntreffen

**Beschreibung:**
Treffen von rund 100 Weihnachtsmännern (Mitglieder der Zittauer Vereine), die von Mitgliedern der Zittauer Werbegemeinschaft Beutel mit Schokolade, Orangen, Bonbons und rote Mützen erhalten, die anschließend in der Stadt verteilt werden. Nach der Weihnachtsmannrunde werden auf der großen Bühne am Markt die Vereine geehrt, die mit den meisten Mitgliedern gekommen waren.
**Vorlaufzeit:** Planung und Sponsorensuche ca. 6 Monate vorher, Vereine ansprechen und zur Teilnahme animieren ca. 3 Monate vorher, Flyer 1 Monat vorher, Plakatierung 14 Tage vorher
**Aufwand:** Die Veranstaltung wird in Zusammenarbeit mit der Stadtverwatung/Referat Kultur organisiert. Die Verwaltung organisiert jährlich den Weihnachtsmarkt, so wurde das Programm des Weihnachtsmanntreffens in die bestehenden Programmteile des Weinachtsmarktes eingebettet. Die Straßensperrungen und die Programmgestaltung auf der Bühne wird somit vom Referat Kultur organisiert.
**Kosten:** 2.500 Euro, davon 800 Euro als Preise für die Gewinner (Vereine) der Rest für Werbung (Plakatierung/Flyer) und einen Spielmannszug. Die Sponsorenaquise erfolgt durch die Werbegemeinschaft "Zitau-lebendige Stadt" e.V.

**Kontakt:** Werbegemeinschaft „Zittau – lebendige Stadt e.V.", Innere Weberstr. 5, 02763 Zittau, Mario Heinke, Vorsitzender (Pressearbeit, Marketing), Tel.: 03583/571811, Fax: 03583/571855, m.heinke@xyzittau.de

## 33. Merzig leuchtet auf, mit langer Einkaufsnacht

**Zeitpunkt:** Dezember, Samstag
**Thema:** "Sternenzauber" – Lange Einkaufsnacht in der Merziger Innenstadt

**Beschreibung:**
Sternenzauber, die "lange Einkaufsnacht des VHG, an der die Geschäfte der Innenstadt bis 22.30 Uhr geöffnet haben. Die Kreisstadt Merzig (Stadtmarketing) kombiniert diesen besonderen Abend mit einem Veranstaltungspaket, bestehend aus der beliebten "Nacht der 1000 Kerzen" und der "City-Illumination".
**Vorlaufzeit:** mehrere Wochen

**Aufwand:** Das Stadtmarketing hat den Abend mit „Nacht der 1000 Kerzen" und „City Illumination" ergänzt. Mehrere Gebäude der Innenstadt werden beleuchtet, es gibt eine Live Band, die Weihnachtsmusik spielt, einen Holzbildhauer, einen Musikverein und eine Feuershow. Sponsoren werden beim Stadtmarketing nicht für Einzelveranstaltungen, sondern in 4 Blöcken gesucht. Das Marketing orientiert sich an den Jahreszeiten: Frühling: Merzig blüht auf - Sommer: Merzig spielt auf - Herbst: Merzig tischt auf – Winter: Merzig leuchtet auf
**Kontakt:** Stadtmarketing, Nadja Pastorcic, Neues Rathaus, Brauerstr. 5, 66663 Merzig, Tel.: 06861/85219 oder 06861/850, N.Pastorcic@merzig.de, www.merzig.de,
http://www.merzig.de/media/custom/334_4728_1.PDF?La=1&object=med|334.4728.1


## 34. Westhofener-Open-Air-Kino

**Zeitpunkt:** November
**Thema:** Open-Air Kino

**Beschreibung:**
Open-Air Kino wird von der Westhofener Werbegemeinschaft e.V. veranstaltet: Feuerzangenbowle, Eintritt ab 18:00 Uhr, Filmstart: 19:00 Uhr.

**Kontakt:** Werbegemeinschaft Westhofen e.V., Kreisstr. 43, 44267 Dortmund, Tel.: 0152/09813151, werbewesthofen@googlemail.com

### 35. Glühwein-Wandertag, Hennef

**Zeitpunkt:** November
**Thema:** Glühwein-Wandertag

**Beschreibung:**
„Hennefer Glühwein-Wandertag". Die Werbegemeinschaft hat fünf Stationen zum Pause machen während des Bummels auf dem Weihnachtsmarkt eingerichtet. Fünf Geschäfte an der Frankfurter Straße und eines am Adenauerplatz offerieren neben warmem Getränk mit und ohne Alkohol auch deftige Speisen. Zahlreiche andere Geschäftsleute beteiligen sich an der Organisation. Wer alle Stationen besucht, bekommt an der letzten ein Getränk nach Wahl gratis.

**Kontakt:** Werbegemeinschaft Hennef e.V., Vorstand Peter Martius, Frankfurter Str. 73, 53773 Hennef, Tel.: 02242/4288, Fax: 02242/5141, info@werbegemeinschaft-hennef.de, www.werbegemeinschaft-hennef.de

### 36. Uferlichter, Bad Neuenahr-Ahrweiler

**Zeitpunkt:** Adventswochenenden
**Thema:** Winterzauber am romantischen Ahrufer

**Beschreibung:**
Am 2. bis 4. Adventswochenende, aber auch "zwischen den Jahren" wird das Ahrufer im historischen Umfeld der Kurgartenbrücke in ein stimmungsvolles Ambiente aus Lichtern, floralen Meisterwerken und gastronomischen Besonderheiten verwandelt. Lichterstimmung und Dekoration von Meisterflorist Gregor Lersch.

**Kontakt:** Werbegemeinschaft Aktivkreis Bad Neuenahr-Ahrweiler e.V., Hauptstraße 98, 53474 Bad Neuenahr-Ahrweiler, Tel.: 02641/207580, Fax: 02641/207580, www.ahr24.de, www.uferlichter.de

## 37. Fackellauf

**Zeitpunkt:** Winter/Silvester
**Thema:** Silvesterlauf: Fackellauf

**Beschreibung:**
Der Jahreswechsel wird in Esslingen am Neckar mit einem ganz besonderen Freiluftspektakel gefeiert. Ein großer Fackellauf beim Fliegerhangar läutet den Silvesterabend ein. Ein Feuerwerk und das Ballonglühen verschiedener Ballonfahrer und Ballonsportgruppen, eine mehrstöckige Feuerskulptur, die e nem mehrere Meter hohen brennenden Scheiterhaufen entsteigt, sind die Hauptattraktionen. Kulinarisches: Glühwein, Gebäck und Würstchen. Die Erlöse kommen der Weihnachtsspendenaktion der Esslinger Zeitung zu Gute. Veranstaltet wird dieses Spektakel von der Turnerschaft Esslingen, dem Aero-Club Esslingen und dem Deutschen Roten Kreuz Esslingen sowie weiteren Vereinen und Helfern.

**Kontakt:** City Initiative Esslingen, Am Marktplatz 4/1, 73728 Esslingen am Neckar, Tel.: 0711/39693950, Fax: 0711/39693966, info@citynitiative-esslingen.de, www.cityesslingen.de

## 37. Neujahrs-Shopping Koblenz

**Zeitpunkt:** 1. Sonntag im neuen Jahr
**Thema:** Verkaufsoffener Sonntag

**Beschreibung:**
Alle, die Urlaub haben, können mit einem Einkauf ins neue Jahr starten und ihre Geldgeschenke in Präsente umwandeln. Kosten: 5.000 €, Bewertung: witterungsbedingt nicht einfach

**Kontakt:** Nicole Volmer, City Managerin, Koblenz-Stadtmarketing GmbH, Bahnhofplatz 7, 56068 Koblenz, Tel.: 0261/3038836, Fax: 0261/3038811, info@koblenz-stadtmarketing.de

## 38. Weihnachtsbaumsägen, Oschatz

**Zeitpunkt:** Januar
**Thema:** Weihnachtsbaumsägen

**Beschreibung:**
Am 16.01.2010 konnten die Oschatzer und ihre Gäste das Weihnachtsbaum "zersägen" genießen. Dazu hatte die Stadtgärtnerei unter der Leitung von Herrn Aust schon die Tanne gefällt und entästet. Die Tanne wird zersägt und in einem Gewinnspiel wird die Gruppe ermittelt, die ein Tannenstück mit einem vorgegebenen Gewicht zurechtsägen kann. Als Zusatzattraktion gibt es einen Stammweitwurf.
Vorlaufzeit: ca. 8 Wochen, Bewertung: Veranstaltung mit geringem Mobilisierungsgrad (nur wenige Teilnehmer)
**Kontakt:** Werbegemeinschaft Oschatz e.V., Hospitalstraße 9, 04758 Oschatz, Tel.: 03435/97660, taschupa@t-online.de, www.werbegemeinschaft-oschatz.de/index.php,


## 39. Der schönste Schneemann von Ganderkesee

**Zeitpunkt:** Januar
**Thema:** Gewinnspiel

**Beschreibung:**
Schneemannbauwettbewerb. Die Teilnehmer senden Fotos ihrer Kunstwerke ein. Die 1. bis 4. Platzierten erhalten Einkaufsgutscheine der Werbegemeinschaft Ganderkesee e.V.
**Kontakt:** Renate Drieling, Rathausstraße 22, 27777 Ganderkesee, Tel.: 04222/3800


## 40. Feuer und Eis, Burgpassage Braunschweig

**Zeitpunkt:** Januar/Februar
**Thema:** Verkaufsoffener Sonntag und Programm rund um das Thema Feuer und Eis

**Beschreibung:** Eisskulpturen von Bildhauern, zeitgleich verkaufsoffener Sonntag in der gesamten Innenstadt
**Kontakt:** Werbegemeinschaft Burgpassage e.V., Burgpassage 13, 38100 Braunschweig, Tel.: 0531/244790, Fax: 0531/40419, info@burgpassage-braunschweig.de, DECM Deutsche Einkaufs-Center Management G.m.b.H, Centermanagement Braunschweig,Burgpassage 13, 38100 Braunschweig, info@burgpassage-braunschweig.de, www.burgpassage.de
**41.    Literatur in den Häusern der Stadt, Konstanz**

**Zeitpunkt:** Februar
**Thema:** Literatur in den Häusern der Stadt

**Beschreibung:**
Anregende Literatur in Verbindung mit dem Flair gemütlicher Privatwohnungen: eine Kombination für Literaturbegeisterte in Konstanz und Kreuzlingen. Beginn der Lesungen ist jeweils 18 Uhr. Sie dauern etwa eine Stunde. Im Anschluss treffen sich BesucherInnen der Lesungen im Cafe Wessenberg zu einer abschließenden Salon-Nacht.

**Kontakt:** Stadtmarketing Konstanz, Obere Laube 71, Tel.: 07531/2824810, Fax: 07531/2824811, info@stadtmarketing.konstanz.de

## 42. Süßes Einkaufen am Faschingsdienstag, Coburg

**Zeitpunkt:** Februar
**Thema:** Süßes Einkaufen am Faschingsdienstag

**Beschreibung:**
Von 14 bis 17 Uhr zieht am Faschingsdienstag ein Coburger Mohr mit einem Vorrat von 555 Faschingskrapfen durch die Innenstadt. Wer auf ihn trifft, bekommt einen Krapfen geschenkt. Außerdem halten viele Einzelhändler ebenfalls eine süße Überraschung in ihren Ladengeschäften für die Kundschaft bereit. Ziel der Aktion: Etablierung des Faschingsdienstags als Einkaufstag in der Innenstadt.

**Kontakt:** Stadtverwaltung Coburg, Markt 1, 96450 Coburg, Tel.: 09561/890, Fax: 09561/891179, info@coburg.de

## 42. Entspannt-karnevalsfrei Einkaufen, Aachener Arkaden

**Zeitpunkt:** Karneval
**Thema:** Entspannt-karnevalsfrei Einkaufen

**Beschreibung:**
Mit attraktiven Winterschnäppchen, einer Stunde freiem Parken und einer kleinen Überraschung zum Valentinstag. Karnevalsdonnerstag und Karnevalssamstag bis 20:00 Uhr in den Aachen Arkaden.

**Kontakt:** Trierer Straße 1, 52078 Aachen, Tel.: 0241/55924251, Fax: 0241/55924253, info@aachenarkaden.de, www.aachenarkaden.de

# Ohne Saison

### 1. Nette Toilette, Konstanz

**Zeitpunkt:** ohne
**Thema:** Saubere WCs in der Innenstadt: Nette Toilette

**Beschreibung:** "Hier dürfen Sie müssen" Unter diesem Motto steht die Initiative des Stadtmarketing Konstanz "Nette Toilette". Diese verfolgt das Ziel, es den Gästen und Einheimischen leichter zu machen, sich „erleichtern" zu können. Die WCs dieser Betriebe sind mit dem „Nette Toilette"-Logo ausgestattet. Dieses signalisiert Besuchern und Einheimischen gleichermaßen: „Hier dürfen Sie ohne Kauf- bzw. Verzehrzwang „müssen". Ein Flyer mit Ortsplan, auf dem auch die öffentlichen WCs der Stadt gekennzeichnet sind, liegt bei den Partnereinrichtungen sowie der Touristinformation Konstanz aus und steht im Internet als Download zur Verfügung.

**Kontakt:** Stadtmarketing Konstanz, Herr Wörnle oder Herr Diez-Prida Tel.: 07531/2824814

### 2. Einkaufs-Samstage mit Kinderbetreuung, Esslingen

**Zeitpunkt:** Einkaufs-Samstage
**Thema:** Kinderbetreuung an Einkaufs-Samstagen für Kinder von 3-8 Jahren.

**Beschreibung:**
Die City Initiative Esslingen bietet samstags eine Kinderbetreuung an durch geschulte Erzieherinnen der Familienbildungsstätte. Kosten 5 € pro Familie, oder gratis. Der Betrag wird ab einem Einkauf von 20 Euro erstattet.

**Kontakt:** Familienbildungsstätte (FBS), Berliner Str. 27, 73728 Esslingen, Tel.: 0711/3969980

## 3. Schaufensterwettbewerb, Servicewettbewerbe Fürth

**Zeitpunkt:** unabhängig
**Thema:** Schaufensterwettbewerb: Servizio für ein Fürther Schaufenster

**Beschreibung:** Der Servizio, wurde von der Vision Fürth e.V. früher als Preis für den besten Einzelhandels-Service vergeben und wird in der neuen Form des Wettbewerbs für das schönste, interessanteste, aufregendste, skurillste oder witzigste Fürther Schaufenster vergeben.
Ca. 250 verschiedene Schaufenster laden auf eine virtuelle Rundreise ein, sich durch Fürth zu begeben und seinen ganz bestimmten Favoriten zu wählen. Auf der Internetseite www.fuerther-schaufenster.de können die Besucher mit einem Mausklick für ihren Favoriten abstimmen.

**Kontakt:** Vision Fürth e.V., Bahnhofplatz 2, 90762 Fürth, Tel.: 0911/9794670, Fax: 0911/9794675, info@vision-fuerth.de

# Literatur-Quellenverzeichnis:

AGOF/OVK (Hrsg.) (2011): OVK-Online-Report 2011-1, S. 4

Angenent, J. (2010): Was ist Hans?, Fallstudie auf der Fachtagung von BDZV und ZV zum Thema „Herausforderung Social Media –Neue Wege für Zeitungsverlage", 18. November 2010, Frankfurt.

BBE (2010): Struktur- und Marktdaten im Einzelhandel 2010, Bayerisches Staatsministerium für Wirtschaft, Infrastruktur, Verkehr und Technologie. München unter: http://www.stmwivt.bayern.de/fileadmin/Web-Dateien/Dokumente/mittelstand/BBE_Struktur_und_Marktdaten_im_Einzelhandel_2010.pdf, Abruf: 27. August 2011

BBE: Flyer Standort-Check, o.J.. München

BDZV/ZMG (2010): Entwicklung verschiedener Rubriken am Anzeigenmarkt (nach Anteilen), regionale Tageszeitungen, Bonn (abrufbar unter www.bdzv.de, letzter Abruf 1.3.2011)

Begemann, J./Franke, M. (2008): Gibt es das mobile Web 2.0?; in: Koschnik, W. J.(Hrsg.): Focus-Jahrbuch 2008: Schwerpunkt: Web 2.0 und 3.0 Reale und virtuelle Welt, München, S. 237-247

Bellinger, H. (2000): City-Marketing: Strategie zur dialogorientierten Entwicklung von Innenstädten. Aalen 2000

Breyer-Mayländer, T./Schade, K. (2005); 700 Jahre Stadtrechte Ettenheim – Eventmanagement mit bürgerschaftlichem Engagement. in: Baden-Württembergischer Gemeindebund (Hrsg.): Die Gemeinde Juni 2005, S. 444-446

Breyer-Mayländer, T (2006): Managementaufgabe integrierte Unternehmenskommunikation: Praxis des Dialogs mit Kunden, Meinungsführern und Öffentlichkeit, Renningen.

Breyer-Mayländer, T. (2009): Aktives Wertemanagement: Basis der Unternehmenskommunikation, Renningen 2009.

Breyer-Mayländer, T. (2010): Wieviel Social Media braucht die Zeitungsbranche? In: New Business Report Regionale Tageszeitungen, September 2010, S. 43-46

Breyer-Mayländer, T//Christoph, S./Krumhard, R. (2010): Stadtmarketingaktionen in Deutschland ein Überblick. Internes Arbeitspapier des Bereichs Medienmangement der Hochschule Offenburg, 30. September 2010. Offenburg

Breyer-Mayländer, T./Dietrich, A. (2010): Trends und Stimmungen bei den Zeitungsverlagen: So sehen Entscheider aus der Verlagswelt die Zukunft der Branche, Bayreuth.

Breyer-Mayländer, T./Löffel, M.: Einkaufen in Südbaden. Ergebnisse ener Marktforschung in Kooperation mit der Badischen Zeitung und dem Einzelhandelsverband Südbaden. Arbeitspapier des Bereichs Medienmanagment der Hochschule Offenburg. September 2011. Offenburg

Deutsche Post AG (2009): Prospektservice 2009 (software unter www.deutschepost.de), Bonn.

Ebersbach, A./Glaser, M./Heigl, R. (2011): Social Web, 2. Auflage, Konstanz.

FAW (Hrsg.) (2010): Wirkungsstudie Plakat 2010, Frankfurt.

GfK/Accenture (Hrsg.) (2008): Discounter am Scheideweg: Wie kaufen Kunden künftig ein?. Nürnberg. April 2008

Google/Gelbe Seiten (2009): Gelbe Seiten und Google kooperieren: Google Maps-Nutzer profitieren von zusätzlichen Gewerbeeinträgen, Gelbe Seiten von höherer Reichweite, vom 25.06.2009, 10:00 Uhr, ots

HDE (2011): Daten der Konjunkturpressekonferenz: „Einzelhandel 2010: Kein weiterer Rückschlag". 31. Januar 2011. Berlin

HDE (2010): Konjunkturumfrage Frühjahr 2010. Berlin

Hallberg, F./ Wanders W. (2010): Das Internet-Protokoll (IP) – Nutzen und Anwendungsszenario, in: Redwitz, Gunter (Hrsg.): Die digital-vernetzte Wissensgesellschaft: Aufbruch ins 21. Jahrhundert, München/Zürich, S. 279-289

Hesse, M. (2010): Die Kundenkarte als zentrales CRM Instrument in der Fashion Branche am Beispiel der s.Oliver Card, Vortrag beim AVS Forum Kundenmanagement 1.12.2010, Leipzig.

Hillebrand, C. (2008): Terminalbasierte Positionsbestimmung als Grundlage von proaktiven Location Based (Community) Services in mobilen Funknetzwerken. Dissertation. Fakultät für Informatik, Technische Universität München.

Hippner, H. (2006): Bedeutung, Anwendungen und Einsatzpotenziale von Social Software, in: Hildebrand, K./Hofmann, J. (Hrsg.): Social Software, Heidelberg.

Hoffmeister, C. (2010): Medien in Sozialen Medien, Bulletproof Media, Hamburg 2010; Fachtagung von BDZV und ZV zum Thema "Herausforderung Social Media -Neue Wege für Zeitungsverlage" 18. November 2010, Frankfurt.

Hofsäss, M /Engel, D. (2003): Mediaplanung: Forschung, Studium und Werbewirkung, Mediaagenturen und Planungsprozess, Mediagattungen und Werbeträger. Berlin.

Vgl. IW (Hrsg.): Weniger Kaufkraft trotz höherer Löhne: in: iw-Dienst 24/2011, S. 6

Janson, S. (2011): Location Based Services: Den neuen Job unterwegs, in: RP-Online, zuletzt aktualisiert: 07.02.2011 - 10:17

Jodeleit, B. (2010): Social Media Relations: Leitfaden für erfolgreiche PR-Strategien und Öffentlichkeitsarbeit im Web 2.0, Heidelberg.

Kapke, A. (2008): Rahmenbedingungen und Moglichkeiten im Einzelhandel zur Entwicklung attraktiver Innenstadte im Regionalen Wachstumskern Oberhavel". Dr. Andreas Kaapke „ Planerische Abstimmung zwischen Kommunen zur Entwicklung eines gemeinsamen Einzelhandelskonzeptes". Hennigsdorf, 13. November 2008 (ECC Handel 2006)

Kuron, I. et al. (2001): Marketing für Kommunen: Kommunikationsorientierte Instrumente in der Stadtentwicklung, Band 39 von DSSW-Schriften. Berlin

Kuron, I./Bona, A. (2000): City-Management: Ein Leitfaden für die Praxis. Berlin

Kraus, D. (2010): Mobile Advertising: Vorteile, Möglichkeiten, Trends; in: PWC (Hrsg.): German entertainment and media outlook: 2010-2014, Frankfurt, S. 41

Kunkel, N. (2011): Mit dem „Norddeal" gegen Groupon, in: kress-online 22.02.2011.

Litterst, J. (2010): Medien-/Kommunikations-Controlling des Verkaufsoffenen Sonntags 2009 in Offenburg, Bachelor-Thesis Fakultät M+I, Hochschule Offenburg.

Lommer, I. (2010): Lokales Targeting, in: Internet World Business Nr. 26/10 20. Dezember 2010, S. 30

Macharzina, K. (1995): Unternehmensführung – Das internationale Managementwissen. Wiesbaden

Meffert, H. (2000): Marketing: Grundlagen marktorientierter Unternehmensführung. Wiesbaden.

NAFES (Hrsg.) (2002): Ortskern und Innenstadt: Ein Leitfaden für Handel und Wandel in niederösterreichischen Gemeinden, Wien.

Newspaper Society (2004): Consumers´ Choice V, London.

PWC (Hrsg.) (2010): German entertainment and media outlook: 2010-2014, Frankfurt.

Riefler, K. (1996): Tanz auf dem Vulkan. Sollen sich Zeitungen online engagieren?", in: BDZV (Hrsg.): Zeitungen '96, Bonn, S. 157-179.

OVG-BRANDENBURG, Entscheidung, AZ: Urteil, 3 D 23/00.NE, Verkündungsdatum: 05.11.2003

Schlink, J. (2010): Eine neue Brücke in die digitale Welt; in: New Business Report 9/2010 "Regionale Tageszeitungen", S. 40-43

Schwaiger, R. (2008): Mobile Services @t-Labs; Fachtagung von BDZV und ZV zum Thema „Mobile Dienste", 8. Mai 2008, Berlin.

Schweiger, W./Schmitt-Walter, N. (2009): Crossmedia-Verweise als Scharnier zwischen Werbeträgern, Publizistik 3/2009, S. 368

Schweizer, Michael: Consumer Confusion im Handel: Ein umweltpsychologisches Erklärungsmodell. Wiesbaden 2005

Seeger, C. (2005): in: Breyer-Mayländer (Hrsg.); Handbuch des Anzeigengeschäfts, 2005, S. 180

Statistisches Bundesamt, Bonn; PM Nr. 60 14.02.2011

TNS Infratest (2010): GO-SMART-Studie 2012, Juni 2010, S. 18

ZMG (Hrsg.) (2010): Zeitungsqualitäten, Frankfurt.

**Über den Autor:**  **Prof. Dr. Thomas Breyer-Mayländer**

**Professor für Medienmanagement** und **Prorektor für Marketing und Organisationsentwicklung** an der Hochschule Offenburg

**Vorsitzender** von „**Unternehmen Ettenheim e.V.**", dem Zusammenschluss von Unternehmern und Werbegemeinschaft in seiner Heimatstadt Ettenheim.

## Beruflicher Werdegang:

Jg. 1971, Studium Verlagswirtschaft und Verlagsherstellung an der Hochschule für Druck und Medien, Stuttgart: Dipl.-Wirt.-Ing. (FH) Aufbaustudium Informationswissenschaft an der Universität Konstanz: Dipl.Inf.Wiss. Promotion bei Prof. Dr. Jürgen Heinrich im Bereich Medien-ökonomie des Instituts für Journalistik der Universität Dortmund (Dr. phil.) Berater beim Aufbau eines Online-Dienstes im Auftrag eines großen deutschen Zeitschriftenverlags 5 Jahre Referent beim Bundesverband Deutscher Zeitungsverleger (BDZV), Bonn, zunächst zuständig für die Bereiche Betriebswirtschaft/Vertrieb, anschließend Referent für Multimedia, in dieser Zeit auch Geschäftsführer der Online-Media-Daten-Bank (OMDB) Betriebsgesellschaft; 2000/ 2001: Geschäftsführer der Zeitungs Marketing Gesellschaft (ZMG), Frankfurt am Main, der zentralen Marketingorganisation der deutschen Zeitungsverlage.

Seit Wintersemester 2001 Professor für Medienmanagement an der Hochschule Offen-burg; von 2002-2006 Studiengangleiter, 2006 Prodekan, von WS 2006/2007 bis Ende 2010 Dekan der Fakultät Medien + Informationswesen, seit 1. Januar 2011 Prorektor für Marketing und Organisationsentwicklung.

Forschungsschwerpunkte: Lokale und regionale Medien, Marketing und Kommunikation in lokalen Märkten.

Mitglied des Aufsichtsrats eines kleinen Buchverlags

Berater, Seminarleiter und Moderator im Themenfeld Unternehmensführung, Medienentwicklung, Kommunikationsstrategien

**Kontakt: www.kommunikation-management.de**

**Marc Löffel, Dipl. Ing. (FH)** studierte Medien und Informationswesen an der Hochschule Offenburg und arbeitet als wissenschaftlicher Mitarbeiter in der Medienfakultät der Hochschule. Er hat maßgeblich an der Konzeption und Auswertung der Einkaufsstudie mitgewirt, die in Kapitel 4 zitiert wird.
**Sophia Christoph** und **Raphaela Krumhard** studieren Medien und Informationswesen an der Hochschule Offenburg und haben als studentische Hilfskräfte an der Datensammlung für Kapitel 5 mitgewirkt.

**Weitere Bücher des Autors:**

- Breyer, Thomas; Alternative Zustelldienste und Transportkonzepte im Pressesektor; Markt-, wirtschafts- und medienpolitische Auswirkungen der Deregulierung der Zustellmärkte; ZV GmbH Bonn 1999

- Breyer-Mayländer, Thomas/Fuhrmann Hans-Joachim (Hrsg.); Erfolg im neuen Markt: Online-Strategien für Zeitungsverlage; ZV GmbH Berlin 2001

- Breyer-Mayländer, Thomas; Werner, Andreas; Handbuch der Medienbetriebslehre; Oldenbourg Verlag, München 2003

- Breyer-Mayländer, Thomas; Einführung in das Medienmanagement; Oldenbourg Verlag München 2004

- Breyer-Mayländer, Thomas; Online-Marketing für Buchprofis; Brammann Verlag Frankfurt 2004

- Breyer-Mayländer, Thomas/Seeger, Christof; Verlage vor neuen Herausforderungen: Krisenmanagement in Presseverlagen; ZV GmbH Berlin 2004

- Breyer-Mayländer, Thomas (Hrsg.); Handbuch des Anzeigengeschäfts; ZV GmbH Berlin 2005

- Breyer-Mayländer, Thomas; Managementaufgabe integrierte Unternehmenskommunikation: Praxis des Dialogs mit Kunden, Meinungsführern und Öffentlichkeit; Expert-Verlag Renningen 2006

- Breyer-Mayländer, Thomas/Seeger, Christof; Medienmarketing; Vahlen Verlag München 2006

- Breyer-Mayländer, Thomas; Aktives Wertemanagement: Basis der Unternehmenskommunikation; Expert Verlag Renningen 2009

- Schönstedt, Eduard, Breyer-Mayländer, Thomas; Der Buchverlag: Geschichte, Aufbau, Wirtschaftsprinzipien, Kalkulation und Marketing; 3. Auflage, J.B. Metzler, Stuttgart 2010

- Breyer-Mayländer, Thomas u.a.: Wirtschaftsunternehmen Verlag: Märkte analysieren und bewerten, Herstellungsprozesse verstehen und planen, Medialeistungen bewerben und verkaufen, Medienprodukte vertreiben, Arbeitsprozesse in Redaktion und Lektorat organisieren. 4. Auflage, Bramann Verlag Frankfurt 2010